国家出版基金项目
NATIONAL PUBLICATION FOUNDATION

矿区生态环境修复丛书

闭坑煤矿含水层破坏机制
与风险防控技术

周建伟 李建中 柴 波 周爱国 冯海波 等 著

U0225975

科学出版社
龙门书局
北京

内 容 简 介

建立闭坑煤矿含水层破坏风险评估和管理体系,对我国矿山生态环境保护和社会经济发展具有指导意义。本书共 8 章。第 1 章主要阐述闭坑煤矿含水层破坏机制与风险防控所涉及的相关术语,并对本领域的国内外研究现状进行综述;第 2 章介绍我国闭坑煤矿类型、特征及主要的矿山地质环境问题;第 3 章对闭坑煤矿含水层破坏机制进行研究,在此基础上提出闭坑煤矿含水层破坏的几种效应与主要模式;第 4 章基于风险评估理论及闭坑煤矿含水层破坏理论研究,提出闭坑煤矿含水层破坏风险评价与管控的基本框架,并且讨论矿山生命周期的含水层破坏风险管理模型;第 5 章总结含水层破坏的防控与治理技术和方法;第 6~8 章分别以三种主要含水层破坏效应的典型案例为例,开展含水层破坏风险评估实践研究,在对其含水层破坏主要特征梳理的基础上开展风险评价。

本书可为水文地质、环境地质、地下水科学与工程、环境工程、地质工程及其他与矿山环境保护与生态修复相关的研究者和技术人员提供参考与借鉴。

图书在版编目(CIP)数据

闭坑煤矿含水层破坏机制与风险防控技术 / 周建伟等著.—北京:龙门书局,2021.6
(矿区生态环境修复丛书)
国家出版基金项目
ISBN 978-7-5088-6029-9

Ⅰ.① 闭… Ⅱ.① 周… Ⅲ.① 煤矿-含水层-井壁破坏-风险管理
Ⅳ.① TD262.5

中国版本图书馆 CIP 数据核字(2021)第 119698 号

责任编辑:杨光华 / 责任校对:高 嵘
责任印制:彭 超 / 封面设计:苏 波

科 学 出 版 社 出版
龍 門 書 局
北京东黄城根北街 16 号
邮政编码:100717
http://www.sciencep.com

武汉精一佳印刷有限公司印刷
科学出版社发行 各地新华书店经销
*
开本:787×1092 1/16
2021 年 6 月第 一 版 印张:10 1/2
2021 年 6 月第一次印刷 字数:255 000
定价:139.00 元
(如有印装质量问题,我社负责调换)

"矿区生态环境修复丛书"

编 委 会

顾问专家

傅伯杰　彭苏萍　邱冠周　张铁岗　王金南

袁　亮　武　强　顾大钊　王双明

主　编

干　勇　胡振琪　党　志

副主编

柴立元　周连碧　束文圣

编　委（按姓氏拼音排序）

陈永亨　冯春涛　侯恩科　侯浩波　黄占斌　李建中

李金天　林　海　刘　恢　卢桂宁　罗　琳　马　磊

齐剑英　沈渭寿　汪云甲　夏金兰　谢水波　薛生国

杨胜香　杨志辉　余振国　赵廷宁　周　旻　周爱国

周建伟

秘　书

杨光华

"矿区生态环境修复丛书"序

  我国是矿产大国,矿产资源丰富,已探明的矿产资源总量约占世界的 12%,仅次于美国和俄罗斯,居世界第三位。新中国成立尤其是改革开放以后,经济的发展使得国内矿山资源开发技术和开发需求上升,从而加快了矿山的开发速度。由于我国矿产资源开发利用总体上还比较传统粗放,土地损毁、生态破坏、环境问题仍然十分突出,矿山开采造成的生态破坏和环境污染点多、量大、面广。截至 2017 年底,全国矿产资源开发占用土地面积约 362 万公顷,有色金属矿区周边土壤和水中镉、砷、铅、汞等污染较为严重,严重影响国家粮食安全、食品安全、生态安全与人体健康。党的十八大、十九大高度重视生态文明建设,矿业产业作为国民经济的重要支柱性产业,矿产资源的合理开发与矿业转型发展成为生态文明建设的重要领域,建设绿色矿山、发展绿色矿业是加快推进矿业领域生态文明建设的重大举措和必然要求,是党中央、国务院做出的重大决策部署。习近平总书记多次对矿产开发做出重要批示,强调"坚持生态保护第一,充分尊重群众意愿",全面落实科学发展观,做好矿产开发与生态保护工作。为了积极响应习总书记号召,更好地保护矿区环境,我国加快了矿山生态修复,并取得了较为显著的成效。截至 2017 年底,我国用于矿山地质环境治理的资金超过 1 000 亿元,累计完成治理恢复土地面积约 92 万公顷,治理率约为 28.75%。

  我国矿区生态环境修复研究虽然起步较晚,但是近年来发展迅速,已经取得了许多理论创新和技术突破。特别是在近几年,修复理论、修复技术、修复实践都取得了很多重要的成果,在国际上产生了重要的影响力。目前,国内在矿区生态环境修复研究领域尚缺乏全面、系统反映学科研究全貌的理论、技术与实践科研成果的系列化著作。如能及时将该领域所取得的创新性科研成果进行系统性整理和出版,将对推进我国矿区生态环境修复的跨越式发展起到极大的促进作用,并对矿区生态修复学科的建立与发展起到十分重要的作用。矿区生态环境修复属于交叉学科,涉及管理、采矿、冶金、地质、测绘、土地、规划、水资源、环境、生态等多个领域,要做好我国矿区生态环境的修复工作离不开多学科专家的共同参与。基于此,"矿区生态环境修复丛书"汇聚了国内从事矿区生态环境修复工作的各个学科的众多专家,在编委会的统一组织和规划下,将我国矿区生态环境修复中的基础性和共性问题、法规与监管、基础原理/理论、监测与评价、规划、金属矿冶区/能源矿山/非金属矿区/砂石矿废弃地修复技术、典型实践案例等已取得的理论创新性成果和技术突破进行系统整理,综合反映了该领域的研究内容,系统化、专业化、整体性较强,本套丛书将是该领域的第一套丛书,也是该领域科学前沿和国家级科研项目成果的展示平台。

  本套丛书通过科技出版与传播的实际行动来践行党的十九大报告"绿水青山就是金山银山"的理念和"节约资源和保护环境"的基本国策,其出版将具有非常重要的政治意义、理论和技术创新价值及社会价值。希望通过本套丛书的出版能够为我国矿区生态环境修复事业发挥积极的促进作用,吸引更多的人才投身到矿区修复事业中,为加快矿区受损生态环境的修复工作提供科技支撑,为我国矿区生态环境修复理论与技术在国际上全面实现领先奠定基础。

干 勇 胡振琪 党 志

柴立元 周连碧 束文圣

2020 年 4 月

前　　言

中国是煤炭资源生产和消费大国，已探明煤炭储量占世界总储量的 12.6%，位居世界第一。在全球能源紧张，替代性能源还不能满足国民经济持续发展需要的今天，煤炭资源的开采利用仍将长期持续。与此同时，近年来国内很多煤炭生产基地可开采资源趋于枯竭，井工开采深度接近极限，而且矿井灾害频发，面临关闭或者已经关闭的煤矿数量持续增加。大量的废弃矿井将给当地社会、经济及生态环境的可持续发展带来严重威胁。

我国煤矿在开采和闭矿过程中导致的岩体结构破坏、地下水资源量减少、地下水污染及生态环境问题尤为突出。含水层破坏作为煤矿最突出的地质环境问题，不仅造成地下含水结构的破坏，还会引起供水功能降低或丧失等社会问题，影响生态系统和人类（生物链）健康。为了有效修复和保护这些废弃矿区的地质环境，我国于 2010 年先后部署了历史遗留老矿山环境治理、资源枯竭型城市矿山地质环境治理和矿山地质环境治理示范工程、山水林田湖草生态修复工程等一系列专项项目。但是，在目前我国矿山闭坑的工程实践中，还缺乏相关的系统理论和具体的技术支撑体系。因此，针对闭坑煤矿含水层破坏问题，需尽快梳理相关影响机制，并建立含水层破坏风险评价和管理体系，将对我国煤炭矿山生态环境保护和社会经济发展具有指导意义。

本书在收集国内大量典型闭坑煤矿含水层破坏案例的基础上，系统总结井工开采煤矿的含水层破坏机制，形成初步的闭坑煤矿含水层破坏风险评价理论，结合三个典型案例介绍风险防控的技术方法，相关研究成果对矿区水资源管理和生态保护修复工作具有借鉴价值。同时，本书中关于含水层破坏及风险分析理论的研究内容，是中国地质大学（武汉）矿山环境研究课题组近年来承担或参与一系列地质环境调查评价、矿山环境科研项目的研究成果，对丰富和完善矿山环境评价理论方法具有积极的意义。

全书由周建伟统稿，李建中、柴波、冯海波、苏丹辉、尹作聪、唐沛东、贾晓岑、李婉钰等参与撰写工作。周爱国、蔡鹤生审阅全稿，提出了宝贵的修改意见。

另外，本书主要内容依托于自然资源部近年来开展的"矿山地质环境治理"专项项目。在项目开展中得到了中国地质调查局诸多地质调查类项目的资助，并得到自然资源部国土空间生态修复司、中国地质调查局地质环境监测院、中国煤炭地质总局水文地质局、山东省自然资源厅国土空间生态修复处、山东省地质矿产勘查开发局、山东省济宁市自然资源局、山东省邹城市自然资源局等单位工作人员的大力支持和帮助，许多学者和同仁对相关研究提出了宝贵建议。在此衷心致谢。

由于环境风险评价理论与方法近年来发展非常迅速，闭坑矿山的生态环境问题也引起了多方关注，涉及多学科交叉领域，同时限于笔者的水平和实践经验，书中难免有不足之处，衷心希望广大读者批评指正，相关意见和建议请发送到邮箱：jw.zhou@cug.edu.cn。

作　者

2021 年 2 月

目　　录

第 1 章　绪　　论

1.1　概　　述

中国是煤炭资源生产和消费大国，2019 年我国原煤产量达 38.5 亿 t，消费量达 28.04 亿 t，其中约 85%的煤炭资源来自地下井工开采。煤炭资源开发是一把"双刃剑"，一方面推进了国民经济的持续稳定增长，另一方面严重影响矿区地质环境（叶贵钧和张莱，2000；Bai and Elsworth，1990；Karmis et al.，1990）。当矿区煤炭资源枯竭时，生态环境问题逐步凸显，特别是矿区含水层破坏问题尤为突出。井工煤矿开采形成的采空区，由于应力重分布造成岩层离层、变形、破断甚至塌陷；采空区上覆、下伏岩层严重破坏，含（隔）水层结构发生改变。煤矿开采过程要疏排地下水，地下水流场受采动干扰，含水层水循环条件和水量水质发生变化，进而引发各种地质生态环境问题及社会问题。在煤炭资源储量丰富的山西、内蒙古、陕西、河南、河北、山东等省（自治区）含水层破坏问题尤为突出，如河北峰峰矿区的黑龙洞泉、山西西山古交矿区的晋祠泉、山东淄博矿区的部分岩溶大泉相继出现泉水断流和干涸等现象（李七明 等，2012）；陕西大柳塔煤矿区的母河沟、哈拉沟泉水干涸断流，采空塌陷和矿井疏排水导致煤层上覆含水层水资源漏失，1986~2005 年，地表水水域面积由 7.96 km^2 减至 3.99 km^2，73.33%的泉水干涸或泉流量减少；山东淄博淄川区洪山煤矿、寨里煤矿从 1995 年关闭后，地下水位回弹引起深部奥灰水串层污染；辽宁抚顺煤矸石占压土地数十平方千米，80%以上的地下水监测井水硬度超过背景值的 5.4 倍。

由于煤炭矿山可开采资源枯竭和生态环境保护政策的相继出台，闭坑煤矿的数量不断增加（王来贵 等，2007）。徐州、淮南、淄博、阜新、峰峰、焦作等传统煤矿生产基地的可开采资源趋于枯竭（李怀展 等，2015），井工开采深度接近极限，灾害频发，很多煤矿面临关闭或者已经关闭。此外，中国煤炭工业协会的统计资料显示，自 1998 年国家出台"关闭非法和布局不合理煤矿"政策以来，全国煤矿数量由 1978 年的 8 万多处减少到 2018 年的 5900 处左右（李庭，2014），在生态环境保护政策的引导下，煤炭矿山结构整合力度不断加大。大量的废弃矿井给地质环境带来严重威胁，也深刻地影响矿区人民的生活质量和身体健康（谭绩文，2008；武强 等，2005）。煤矿山关闭后，地下水位回弹进入矿坑，经常产生酸性矿坑水（陈立，2015），并通过导水裂隙、封闭不良钻孔、断层或陷落柱等途径串层污染地下水。同时，废弃矿井塌陷积水、固体废物淋溶污染等也会导致含水层水质不断恶化。

国内外学者在防治矿坑突涌水、水资源破坏和污染、矿区生态环境演化等方面做了大量探索。对闭坑煤矿的研究则主要集中在矿坑地下水污染、水资源评价、水质评价等方面（施小平，2015；张秋霞 等，2015；许家林 等，2009），缺乏对煤矿区含水层破坏机制、模式及其风险的系统研究。从矿山环境领域的风险研究现状看，矿山地质灾害风险评价和重金属污染等环境风险评价还无法支撑闭坑煤矿含水层破坏带来的风险研究。2016 年 7 月，《关于加强矿山地质环境恢复和综合治理的指导意见》发布以来，我国矿山地质环境的全面治理将翻开新的一页（刘亦晴和许春冬，2017），因此，闭坑煤矿含水层破坏模式的梳理及其风险评价的深入研究对于矿山地质环境防治工作更加迫切和重要。

1.2 基 本 术 语

1.2.1 含水层破坏

含水层破坏（aquifer destruction）是指矿山从开采到闭矿的全过程中（开采前探矿，建矿过程中的井巷建设、钻探，开采阶段的选矿、开采、疏排水，以及矿山闭矿后的井管填充、停排地下水等采矿活动）对地下水结构的改造作用，主要包括对含水层岩体结构（含水系统）的硬结构破坏和地下水流场变化、地下水污染的软结构破坏。

1.2.2 "上三带"

煤矿开采形成采空区，其上覆岩层在重力作用下会呈现三个明显的破坏分带，即"上三带"（The "upper three belts"），包括冒落带、断裂带、整体沉降弯曲带，如图 1.1 所示。

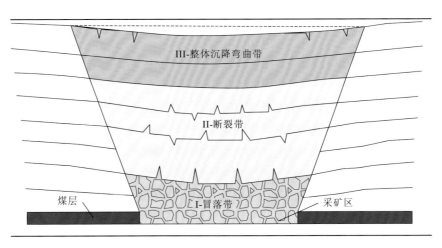

图 1.1 顶板"上三带"示意图

冒落带：是指煤层采出后导致覆岩失稳，当岩层的拉应力超过其抗拉强度极限时，以层状、巨块状或者不规则岩块垮落，其高度由顶板岩石的碎胀系数、煤层倾角及采厚等要素决定。

断裂带：位于冒落带上方一定范围，顶板的垮落使岩层内部产生裂隙、离层和断裂。断裂带高度一般是冒落带高度的 2～3 倍。

整体沉降弯曲带：处于断裂带上方直至地表产生弯曲的部位，该带岩体缓慢沉降弯曲，一般不产生裂隙，即使有也是封闭的、不连通的。

1.2.3 "下三带"

在煤层开采过程中，与承压水体煤层底板突水相关的分带，由上到下划分为导水破坏带、有效隔水层保护带和承压水导升带，称为"下三带"（The "down three zone"）（徐友宁，2006；刘宗才和于红，1991），如图 1.2 所示。

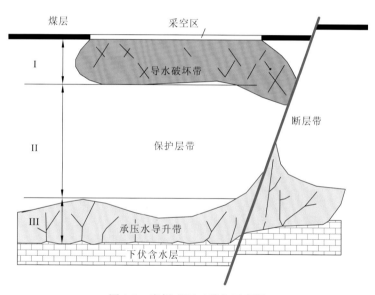

图 1.2　底板"下三带"示意图

导水破坏带：紧邻着采空区，该带岩层连续性遭到破坏，岩层内部出现竖向裂隙和层面裂隙。

有效隔水层保护带又称保护层带：位于导水破坏带下部，其岩层较完整，隔水性能也几乎没有发生变化。

承压水导升带：该带位于最下部，承压水可以沿着岩层内的裂隙导升而充满整个裂隙带。该层包括原始导高带及由于采动形成的导高带。其厚度主要取决于承压水压力、岩性等条件。

1.2.4　矿山生命周期

矿产资源开发是一个改造地质环境系统的过程，包括探矿、建设、开采、资源枯竭后关闭和关闭后恢复的生命过程，经常通过矿山生命周期（mine life cycle）来形容和管理矿山过程。这一过程中，地质环境也存在演化周期，即探矿前的稳定系统在矿业开采活动中被动态改造，在矿山关闭后的数年或者数十年形成新的稳定系统。在矿山关闭工程中，如何确保新的稳定系统能够满足全社会的价值取向，是矿山生命周期管理最关注的问题。为了满足社会的需求，在矿山生命周期的各个阶段需要以矿山地质环境风险为依据，从政策、法律、技术和管理的多方面规划矿产资源开发和地质环境保护（图1.3）。

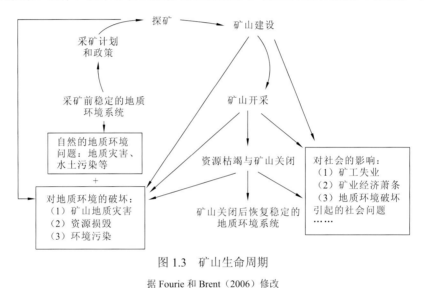

图 1.3　矿山生命周期

据 Fourie 和 Brent（2006）修改

1.2.5　风险

风险（risk）是一定时期内，各类承灾体可能受到灾害作用直接和间接的经济损失、人员伤亡和环境破坏等，即生命、健康、财产或环境所遭受的不利影响的可能性和严重程度。对于地质灾害人员死亡风险一般以处于最大风险的人员死亡数量的年概率来表示；对于地质灾害财产损失风险一般以处于最大风险的财产损失价值的年概率来表示。由于含水层破坏的表达形式不同于灾害，其风险更多表现为对社会经济和生态环境负面影响的期望值或程度。

1.2.6　风险分析

风险分析（risk analysis）包括资料获取、分析方法选择、评价目的确定、风险识别和风险评估的过程。

1.2.7　风险识别

风险识别（risk identification）是风险管理的第一步，也是风险管理的基础。风险识别是指在风险事故发生之前，运用各种方法系统、连续地认识所面临的各种风险及分析风险事故发生的潜在原因。

1.2.8　风险管理

风险管理（risk management）是将管理政策、程序和经验，系统地运用于风险评估、风险监测预警和风险控制的过程。

1.2.9　危险性

危险性（hazard）指特定区域内某种潜在的地质灾害（或地质环境问题）现象在一定时期内发生的概率，本书特指含水层破坏。

1.2.10　易损性

易损性（vulnerability）是指受某一强度地质灾害（或地质环境问题）作用，各类承载体可能造成的损失或破坏程度，通常指人员、社会经济实体和生态破坏机会的多少与发生损毁的难易程度。社会经济易损性由受灾体自身条件和社会经济条件所决定，前者主要包括受灾体类型、数量和分布情况等；后者包括人口分布、城镇布局、厂矿企业分布、交通通信设施等。易损性评价的主要对象是受灾体，其目的是分析现有经济技术条件下人类社会对地质灾害的抗御能力，确定不同社会经济要素的易损性参数。

1.3　国内外研究现状与发展趋势

1.3.1　矿山含水层破坏研究概述

从 20 世纪 80 年代开始，煤矿区含水层破坏问题逐渐引起了国内外学者的重视（林琳 等，2014；Booth，1986；Lines，1985；Stoner，1983），其研究包括含水层岩体结构破坏、流场变化及矿区地下水污染等方面。

煤炭矿山含水层岩体结构破坏的研究主要涉及覆岩破坏理论及底板突涌水机理研究等。1958 年，ВНИМИ 首次提出"三带理论"，采空区上方岩层移动形成冒落带、裂缝带、整体沉降弯曲带，并提出了典型曲线法，这一方法是苏联通用的地表移动变形与预测方法（Karaman et al.，2001）。在我国，经过几十年煤矿开采实践，总结出计算顶板导水裂隙带及冒落带高度的经验公式，于 1985 年制定了《建筑物、水体、铁路及主要井巷煤柱留设与压煤开采规程》，该规程针对不同类型覆岩结构、水体及采煤方法等条件，须留设的安全煤（岩）柱类型、厚度等做了相应的技术规定，并给出了指导水体下安全采煤的单一煤层长壁开采及特厚煤层普通分层开采的覆岩冒落带、导水裂缝带的计算方法与公式，其计算公式见第 3 章（李永明，2012；康永华，2009）。导水裂隙带发育高度是含水层破坏评估的主要因子。实践证明，导水裂隙带发育高度的经验公式在特殊地质环境下存在误差，实际导水裂隙带发育高度一般比经验公式的计算结果大。导水裂隙带发育高度与覆岩主关键层位置有关，当覆岩主关键层与开采煤层距离小于 7～10 倍采高时，该规程中的导水裂隙带发育高度计算公式适用性较差；除煤层开采厚度外，导水裂隙带发育高度计算需要综合考虑工作面跨度、采深、岩层特征、含水层水压等影响因素（焦阳 等，2012；施龙青 等，2012；杨贵，2004）。在此基础上，许家林和钱鸣高（2000）提出"横三区"和"竖三带"等拓展概念；高延法（1996）在位移反分析和有限元数值计算的基础上，提出了破裂带、离层带、弯曲带和松散冲积层带的"新四带"划分方案；张聚国和栗献中（2010）对昌汉沟煤矿浅埋深煤层开采覆岩破坏带的研究表明，覆岩仅形成垮落带和裂隙带。按照几何分形理论，覆岩裂隙几何分形维数随着煤层开采长度的增加呈现先变大再变小后趋于稳定的过程（张志祥 等，2014）。

关于煤层底板突水的理论，多尔恰尼诺夫（1984）在《构造应力与井巷工程稳定性》一书中提出采场煤壁前方的超前支承压力会使底板隔水层发生脆性破坏，之后逐渐发展成岩体裂隙带，进而形成底板突水的可能通道。刘宗才和于红（1991）在对峰峰、邯郸、开滦等煤矿十余年研究的基础上，围绕煤层采动底板破坏状态，初步提出了直接破坏带、完整岩层带（保护层带）、导升带组成的"下三带"理论，并用该理论预测了带压开采时的安全性。张敬凯等（2009）将"下三带"理论，用于山西曹村井田煤层底板突水危险性评价。施龙青和韩进（2005）指出受矿山压力破坏的底板岩层会形成由上到下的矿压破坏带、新增损伤带、原始损伤带和原始导高带，继而提出了"下四带"理论。断层和岩溶陷落柱是诱发煤层底板突水的另一个重要原因（Wang and Wang，2012；Han et al.，2009；Shi and Singh，2001），其中断层诱发突水主要与断层的产状、位置等有关，需要根据断层性质留设断层防水煤柱（施龙青 等，2005）。岩溶陷落柱的存在，可以使底板承压水直接导升至煤层，引发底板承压水突水事故。

煤矿开采疏排地下水，导致地下水流场变化，地下水位下降形成降落漏斗（王军涛，2012；刘喜坤 等，2011）。解析法、模拟实验法和数值模拟法是研究煤矿开采引起地下水流场变化的主要方法（Brabb，1984）。对于煤矿区顶板水循环变异机制的大量研究显示，地下水流场变化受到矿区顶板地层、构造、岩性特征的影响，采煤塌陷变形区和地表裂缝增加了地表水的截留量，改变了地表水与地下水系统的补排关系（Palei and Das，2009；Fell，1994）。煤矿开采活动的地下水流动系统响应还受到不同水文地质条件、含隔水层特征的影响（吴树仁 等，2009）。

煤矿开采活动使煤层岩石中的硫化铁矿物暴露在氧化条件下，从而发生氧化，使重金属元素、有机与无机元素等向环境释放，形成酸性矿山废水，对人、动物和水生生态系统造成有害影响（李泽琴 等，2008；Duzgun，2005）。煤矸石固体废弃物在长久风化、降雨淋溶作用下会释放重金属(汞、铅、铬)离子、无机有毒氟化物等污染地下水。Okogbue和 Ukpai（2013）在对尼日利亚东南部众多废弃煤矿的研究显示，受采矿影响区域地下水中锰、汞、镉等重金属离子明显超标。国内相关研究同样显示，煤矿开采加剧了地下水污染，使地下水中 SO_4^{2-}、F^-、Pb^{2+}、Zn^{2+}、Mn^{2+} 等离子含量严重超标（覃政教 等，2012；刘洁，2008）。不加以妥善管理的酸性矿山废水，将使受纳水体酸化，危害水生生物，并产生潜在的腐蚀性。酸性矿山废水中，硫酸盐和重金属的含量比较高，将导致受其影响的水生生态系统的生物多样性降低。酸性矿山废水在含水层中发生复杂的水文地球化学反应，容易引起地下水中总溶解固体（total dissolved solids，TDS）和硬度明显升高，地下水和土壤可能被污染，特别在水资源有限的干旱和半干旱地区，这种影响更为明显。

1.3.2 闭坑煤矿地下水环境研究概述

从 20 世纪 90 年代开始，国内外学者开始关注矿井闭坑产生的地下水环境问题，对闭坑煤矿地下水水位回弹及流场演化模拟、地下水污染问题等进行了相关分析和研究。

国内外学者通过数值模拟法对煤矿闭坑后的地下水回弹和流场演化做了大量研究，实现了定性和定量相结合，以及确定性研究和随机模拟的结合。Adams 和 Younger（2001）提出，废弃矿山停排后，地下水位以湍流的形式抬升，采用层流的形式来建立地下水流模型不适合预测地下水位回弹，因此开发了一种基于物理建模方法的半分布式模型废弃矿井地下水位回弹（groundwater rebound in abandoned mine，GRAM）模型，随着分析系统时间和空间尺度的增加，建模的复杂性逐渐降低。Choi 等（2012）和 Park 等（2013）运用 GRAM、MODFLOW 分别模拟了韩国东远（Dongwon）煤矿井下的地下水位变化，其中 GRAM 模型拟合良好，较好地预测了闭坑煤矿地下水水位回升。混合有限单元法是一种灵活的建模方法，特别适用于矿山问题，可以在瞬变条件下运行，是预测地下水回弹和突水等问题的有效工具（Wildemeersch et al.，2010）。Luan 等（2016）通过模拟对峰峰废弃煤矿地下水位恢复过程进行刻画，结果表明，废弃矿山地下水需要约 95 天时间恢复到区域地下水位，总补水量约为 141.195 万 m^3，与实际数据吻合，其研究结果对于提高矿井地下水利用效率具有重要的理论和现实意义。

煤矿关闭常常引起地下水污染，1950 年苏联的图拉地区关闭了大量矿井，造成了地下水严重污染（Banks et al.，1997）。近年来，随着我国闭坑煤矿数量的增加，闭坑煤矿地下水污染与破坏也越来越严重。山东淄博洪山-寨里煤矿闭矿地下水位回弹，引起深部奥灰水串层污染，给周边居民的生产生活带来严重威胁（张秋霞 等，2015；王军涛，2012）。阜新新邱煤矿区淋溶水渗入地下使附近地下水体受到了严重的污染（刘小琼 等，2006；王秀兰和许振良，2004）。Alhamed 和 Wohnlich（2014）采集了 20 个位于波鸿（Bochum）南部废弃煤矿区附近的地表水和地下水水样，分析得出该地区的地表水和地下水受到废弃煤矿的严重影响，铁离子的含量是饮用水限值的 18 倍。Mcadoo 和 Kozar（2017）完成了西弗吉尼亚州废弃矿井地下水资源 1973～2016 年的水质数据汇编，以确定废弃矿井水对工业、农业、社会经济用水的适用性。

1.3.3　矿山环境风险研究概述

近年来，随着地质环境影响评价工作的开展，尤其是一些突发性事件如崩塌、滑坡、泥石流及地面塌陷等频发，风险问题已经越来越引起人们的关注。矿山环境风险研究涉及环境地质学、灾害学、统计学和管理学等多门学科。在传统的地质灾害预测基础上，风险研究更注重于风险的识别及人类社会所能接受的风险水平对风险进行管理，并提出了多种减少灾害损失的方法（唐朝晖，2013）。

矿山环境风险评价起初主要集中于滑坡灾害研究方面，主要借助滑坡事件产生的可能性来描述滑坡灾害风险，也就是滑坡灾害的易发程度。自 20 世纪 70 年代开始，Brabb（1984）就开始对滑坡易发性进行分区，不同等级的分区代表不同区域滑坡的稳定性，以及未来可能受到滑坡威胁的程度。Varnes（1978）指出用滑坡风险图来表示滑坡发生的概率及强度。Einstein（1997）、Fell（1994）、Whitman（1984）等逐渐将风险表达定量化，其应用范围也由传统的土地利用规划扩展到单体滑坡的工程治理等基础工程的风险防范。随着滑坡风险研究的深入，滑坡风险管理和技术越来越成熟，并且滑坡风险也成为社会管理中的一项重要内容。滑坡灾害对我国的影响较大，相对应的灾害风险研究始于 20 世纪 80 年代，吴树仁等（2009）众多学者致力于地质灾害风险研究，推动着我国地质灾害的减灾措施向前发展。现在，我国用于度量灾害风险的方法大体分为两类：定性的风险指数和定量的期望损失（殷坤龙，2010）。

对于矿山环境领域的风险研究，主要在矿山地质灾害风险评价和重金属污染等环境风险评价两个方面较多（李泽琴 等，2008；Duzgun，2005）。矿山地质灾害的类型较多，且与人们的采矿活动有很大的联系，因此在矿山环境风险研究中，需要综合考虑采矿活动和地质灾害成灾条件两方面的因素。矿山环境风险评价中所采用的方法，主要借鉴于滑坡灾害风险评价的相关理论和方法，例如：Duzgun 和 Einstein（2004）通过对发生在阿巴拉契亚地区 12 个矿山的多次煤矿顶板坍塌事件进行统计，提出了煤矿顶板坍塌的风险决策方法，得出了相应的概率分布函数和期望的损失模型；Palei 和 Das（2009）在地下矿井开采中，运用逻辑回归模型的基础，对煤矿开采中顶板坍塌的风险进行了评价；滕冲（2008）在对金属矿区地质灾害如滑坡、泥石流、地面塌陷等的成灾机理和发育规律分析的基础上，建立了风险预测的多因子评价模型，并将该模型运用于金属矿山的生态环境评价，评价结果与矿区实际情况相符；郭新华等（2006）以河南石灰岩矿山为研究对象，对于由采矿场和废石场等开采过程引发的地质环境问题的风险进行了预测，采用受损对象、损失程度及期望损失率三个指标对矿区开采过程中的危险性进行了风险评价。

矿山环境风险评价通过对风险因子的识别达到控制或减少风险的目的，因此目前现有的科研成果主要集中于对矿山环境风险因子的识别，如张兵和许正元（2003）通过对凤凰山铜矿采用"三因素"（三因素是指事故发生的可能性、暴露于危险环境的频率及可能产生的后果）的评价方法，提出了风险因子的识别过程和方法，并建立了相应的监管系统。唐敏康等（2004）在金属矿山主要风险因子识别和控制的基础上，将地质灾害引发的次生地质环境问题也纳入了风险评价的范畴。考虑矿山生命周期中的勘探、建设、开采和关闭的全过程，一些学者提出了矿山生命周期的模型，并用于矿山地质环境风险管理，这一模型在加拿大（Reid et al.，2009）、南非和澳大利亚等一些国家被广泛应用。

我国金属矿产资源丰富，在矿山开采过程中，不可避免地将重金属带入环境中，引发重金属污染等一系列环境问题，且重金属污染常通过水、土、空气和农作物等间接地对人类健康造成影响。因此，关于重金属环境问题的风险研究越来越引起人们的关注。Voulvoulis 等（2013）总结了采矿活动中重金属污染的形成过程，并提出重金属污染的生态风险特征。然而，矿山环境污染风险的实际应用，主要聚焦于人类的健康议题，研究有害污染物进入人体的途径和评价对人体健康造成的影响。美国国家环境保护局（USEPA，2009）提出了专门针对人体健康的风险指数，该指数通过人体日平均污染物摄入量和避免癌症发生的污染物允许摄入量来评价矿山环境污染的风险。矿山环境污染除威胁人类健康外，对整个矿区的生态都存在影响。

目前，矿山环境风险的研究成果和发展方向主要体现在 4 个方面：①风险评价的理论框架更标准化，实施计划更法治化和普及化（Maczkowiack et al.，2012）；②风险评价结果定量化（唐朝晖 等，2012）；③风险评价系统化；④矿山地质环境风险评价服务化。

1.3.4 含水层破坏防控技术研究概述

在含水层破坏防控技术方面，国内外学者主要针对地面塌陷、煤层顶板和底板突涌水及矿区地下水污染防治等方面开展了相关研究（肖卫国，2003）。

为了控制采空区的地表移动与地面塌陷提出了充填采矿，美国首次应用了水砂充填法采矿。20 世纪 50 年代，澳大利亚一些地下金属矿山，以水力充填取代了早期使用的干式充填（王湘桂和唐开元，2008）。加拿大的矿山充填已有近 100 年历史，1993 年加拿大发展了膏体充填技术，且目前仍继续使用，而且地下硬岩采矿企业几乎都采用充填工艺。加拿大应用的高浓度充填有两个途径：干式大体积废石充填料和经过脱水的选厂尾矿（胡华和孙恒虎，2001）。在 20 世纪 50～60 年代后，各国都加大了充填采矿法所占的比重，有关国家还围绕灾害控制制定了相应规范。20 世纪 80 年代以来充填法在我国取得了重大进展。随着采场机械化回采和充填的实现，充填采矿法已从一种低产、低效采矿法发展成为一种高产、高效采矿法，因此许多矿山开始采用充填采矿法，该方法在我国将进入一个新的发展时期。

目前对于煤层突涌水的防治方法以疏水降压和注浆加固技术为主。疏干排水是世界各国在矿山开发中应用最广泛的一种防治含水层破坏与水害的技术，国内煤矿疏水降压采用地表疏干、井下疏干、井上井下联合疏干等技术，如我国的开滦赵各庄矿井开采深度达到 1 056.8 m，当开拓深度达到 1 154.4 m 时受奥灰水严重威胁，在充分考虑经济、疏排水承受能力后，将奥灰水控制在-150 m 标高以下，达到了疏降结合的目的。平顶山矿区采用浅部截流、深部疏干的技术方案防治了底板岩溶突水。在注浆堵水方面，最早的注浆材料是水泥，此后又有了化学注浆、水玻璃和硫酸混合物注浆、水玻璃氯化钙注浆（Palardy et al.，2003）。特别是 20 世纪 40 年代，注浆技术的研究和应用进入了鼎盛时期（杨米加 等，2001）。20 世纪 80 年代，世界各国开展了改善现有注浆材料向超细水泥低毒或无毒高效能的新型材料的工作（Shimoda and Ohmori，2012），与此同时，注浆设备与观测仪器也在不断地更新换代。针对闭坑煤矿含水层破坏防控，近年来国内一些煤矿建立了井下水情自动监测系统，对矿井闭坑后的相关过水通道、防水设施等实施综合自动监测监控，实现及时预警、及时采取解危措施，确保矿井安全（段熙涛和陈土强，2012）。在闭坑煤矿采空积水区布设水位长期观测孔，并应用水文动态监测技术对矿坑水位进行动态监测，以防止矿井受到水害威胁（高树磊和翟所宏，2013）。

国外对矿井闭坑产生的地下水污染研究始于 20 世纪 90 年代，英国、美国、苏联/俄罗斯等国对废弃矿井造成的地下水污染做了大量试验、监控和治理研究（刘埔和孙亚军，2011）。近年来国内针对废弃煤矿地下水污染主要进行了监控、治理等试验研究，以获得废弃矿井地下水污染有效防治的工程参数和工艺参数，并建立了废弃矿井地下水污染状况的信息管理系统，优化设计了地下水污染监控系统，并对典型矿井地下水污染监控与治理开展了工程试验研究（虎维岳和闫兰英，2000）。

第 2 章　闭坑煤矿地质环境

2.1　我国煤炭资源开发利用现状

2.1.1　煤炭资源分布

我国煤炭资源分布面积达 60 多万 km^2，占国土面积的 6%，在空间位置上的分布不平衡，总体上表现为西多东少、北多南少的特征。在昆仑山—秦岭—大别山以北的北方地区较集中，山西、陕西、内蒙古、云南、贵州、河南和安徽七省（自治区）煤炭资源储量占全国总量的 81.8%，而山西、陕西、内蒙古的占比达 60%（于长龙，2015）。

不同地区煤炭品种和质量变化较大，4 种主要炼焦煤中，有一半左右的瘦煤、焦煤、肥煤集中在山西，东北地区的炼焦煤大部分集中在黑龙江，西南地区的炼焦煤主要集中在贵州。适于露天开采的储量少，露天开采量占总储量的 7% 左右，其中 70% 的褐煤主要分布在新疆、内蒙古和云南（薛冰，2012）。根据煤炭资源分布及煤层地质，可划分为 5 个主要赋煤区，即华北区、华南区、西北区、东北区、西南区，各赋煤区的煤层特征见表 2.1。

表 2.1　我国主要赋煤区及煤层特征

主要赋煤区	煤层特征
华北区	华北型煤田主要含煤地层为二叠系，其次为石炭系，少数矿区的侏罗系也发育有可采煤层。石炭系—二叠系含煤地层受北侧阴山构造带和南侧秦岭构造带的控制，多呈近东西向展布，自北向南划分为北（含北缘带）、中、南三个带，分别是太原组、山西组、上下石盒子组的富煤带。区内石炭系—二叠系、侏罗系含煤均佳，煤层较稳定，储量十分丰富
华南区	该区晚古生代为稳定、较稳定板内型沉积，沿古陆边缘及陆间海湾广泛发育海陆交互相含煤地层。受区内隆起和拗陷构造控制，总体呈北东向展布。含煤层位有下石炭统、下二叠统和上二叠统，以后者含煤最好。区内中生代西部川滇地区发育上三叠统含煤地层，属内陆盆地和近海型含煤沉积，而华南聚煤区也是我国新近纪陆相含煤地层的主要分布区
西北区	发育受区域构造控制且多呈近东西向和北西向展布的内陆大中型和小型聚煤盆地。含煤地层主要为下侏罗统、中侏罗统，其次为石炭系、下二叠统和上三叠统。新疆北部准噶尔盆地、吐哈盆地的下侏罗统、中侏罗统含煤性甚佳，煤炭储量巨大，居全国各含煤盆地之首

主要赋煤区	煤层特征
东北区	发育主要受新华夏构造体系控制且多呈北北东向展布的内陆小型断陷含煤盆地和盆地群。含煤地层主要为下白垩统，其次为下侏罗统、中侏罗统和古近系，含煤性较好
西南区	区域构造复杂，晚古生代主要为复理式和浅海碳酸盐沉积，中生代为板块间沉积，含煤地层分布局限，含煤性也较差，主要为上三叠统和古近纪。含煤盆地的展布均受褶皱系的控制，西藏地区为东西向，至藏东、滇西地区转为近南北向

2.1.2 我国煤炭资源开发历史

煤的发现可以上溯至新石器时代晚期的一种雕刻原料，史料记载我国煤开采与使用始于西汉。西汉至魏晋南北朝时期，已经有一定规模的煤井和相应的采煤技术，煤炭不仅用作生产燃料，而且还用于冶铁。煤的规模开采与普遍使用始于北宋末崇宁年间，到14世纪的明代，采煤业已经很发达。从明朝到清道光二十年，我国的煤炭技术逐渐丰富。在现代地质学诞生之前，我国已经创造出在当时世界上具有一定水平的煤田相关的地质科学技术。

根据煤炭资源储藏条件，其开采方式可分为露天开采和井工开采。在我国主要为井工开采，通过开掘井巷采出埋藏于地下的煤炭。其开采工艺以长壁式开采和房柱式开采为主。长壁式采煤法分为走向采煤法和倾斜采煤法。走向长壁式采煤法能适应不同倾角的煤层，生产系统较简单，通风安全条件也较好，是中国最主要的煤炭地下开采方法。倾斜长壁式采煤法是指在采煤工作面沿煤层倾斜方向，向上或者向下推进采煤工作，并且对于巷道的走向及回风巷道的走向，均选择沿煤层倾斜方向进行。针对煤矿井工开采可能导致的顶板破坏与安全等问题，我国还出台了《煤矿顶板管理办法》。

在新中国成立时我国的煤炭产量仅 3 420 万 t。新中国成立以后我国煤炭行业的发展进程可分为三个阶段。第一个阶段为建国初到 20 世纪 80 年代的计划经济时期，煤炭行业以国家投资为主，按计划进行。第二个阶段为 20 世纪 80～90 年代的粗放发展时期，煤矿数量迅速增加，但集中度较低。到 1997 年底，全国矿井总数为 6.4 万个，小矿井占总矿井数的绝大部分，占比达 94%。第三个阶段是 1998～2007 年的整顿治理期，针对煤炭行业秩序混乱的情况，我国政府部门颁布了多个相关政策，煤炭行业进入整顿期。目前，我国的煤炭年生产能力已经达到建国初期的 100 倍左右（葛书红，2015），到 2019年我国煤炭产量达 38.5 亿 t，消费量达 40.3 亿 t。

2.2　我国煤炭矿山关闭与管理状况

2.2.1　煤炭矿山关闭政策和法规

在"六五"初期，我国经济的快速发展带来了对煤炭需求量的增加，国家大力鼓励矿业发展，为煤矿快速发展提供了政策保证。20 世纪 90 年代，中小型煤矿成为我国煤炭工业发展的制约因素，并且灾难事故频发，从 1998 年起，从政策上对中小型煤矿进行了"关井压产"，减少环境污染与资源浪费（王婷，2010）。在"关井压产"政策下，矿山行业收效甚微，国家针对此种情况进行了新的调整（国务院，2005），明确了"合并、集中"的改革思路，并给出了政策上支持煤矿整合的四类标准（申宝宏和郭建利，2016），即资源枯竭无法再进行开采或规定服务年限小于 5 年的煤矿；资源条件差、灾害频发的煤矿；污染严重的煤矿；资金不足或负债的煤矿。2005~2008 年，国务院安全生产委员会分年度和重点实施煤矿关闭政策，依次为以关闭整顿小煤矿为重点；整顿关闭，资源整合；加强各型煤矿安全管理。

截至 2008 年，在两次文件政策的指导下，我国煤矿整顿工作已经取得了较大的成果，在此期间，我国煤炭矿山关闭达到了一个高峰期。

我国煤炭矿山关闭的相关政策和法规见表 2.2。

表 2.2　我国煤炭矿山关闭的相关政策和法规

实施日期	政策名称	颁布部门
1998.12.05	关于关闭非法和布局不合理煤矿有关问题的通知	国务院
1999.01.15	国家煤炭工业局关于进一步加强煤炭行业安全生产工作的通知	国家煤炭工业局
2000.12.01	煤矿安全监察条例	国务院
2001.06.13	国务院办公厅关于关闭国有煤矿矿办小井和乡镇煤矿停产整顿的紧急通知	国务院办公厅
2001.09.16	国务院办公厅关于进一步做好关闭整顿小煤矿和煤矿安全生产工作的通知	国务院办公厅
2001.11.01	煤矿安全规程	国家煤矿安全监察局
2002.11.01	中华人民共和国安全生产法	全国人民代表大会常务委员会
2003.08.01	煤矿安全生产基本条件	国家安全生产监督管理局
2004.10.21	关于加强煤矿安全生产工作的紧急通知	国家煤矿安全监察局
2004.11.18	关于加强煤矿安全监督管理进一步做好小煤矿关闭整顿工作的意见	国务院安全生产委员会办公室
2005.09.03	国务院关于预防煤矿生产安全事故的特别规定	国务院
2005.08.24	国务院办公厅关于坚决整顿关闭不具备安全生产条件和非法煤矿的紧急通知	国务院办公厅

实施日期	政策名称	颁布部门
2005.12.07	关于落实关闭不具备安全生产条件煤矿数量目标的通知	国务院安全生产委员会办公室
2005.06.07	国务院关于促进煤炭工业健康发展的若干意见	国务院
2006.03.15	关于加强煤矿安全生产工作规范煤炭资源整合的若干意见	国家煤矿安全监察局等
2006.05.29	关于制定煤矿整顿关闭工作三年规划的指导意见	国务院办公厅
2006.06.15	国务院关于同意在山西省开展煤炭工业可持续发展政策措施试点意见的批复	国务院
2006.09.28	关于进一步做好煤矿整顿关闭工作的意见	国家安全监管总局等12个部门
2007.01.22	煤炭工业发展"十一五规划"	国家发展和改革委员会
2007.04.28	关于加强小煤矿安全基础管理的指导意见	国家安监总局、国家煤监总局
2007.11.29	煤炭产业政策	国家发展和改革委员会
2008.10.07	关于下达"十一五"后三年关闭小煤矿计划的通知	国家发展和改革委员会、国家能源局、国家安全监管总局、国家煤矿安监局
2008.12.11	关于印发煤矿生产安全事故报告和调查处理规定的通知	国家安全生产监督管理总局、国家煤矿安全监察局
2009.04.08	关于组织开展小煤矿瓦斯专项整治的通知	国家发展和改革委员会、国家能源局、国家安全生产监督管理总局、国家煤矿安全监察局
2009.08.19	关于深化煤矿整顿关闭工作的指导意见	国家安全监管总局等14部委
2009.09.14	关于深入贯彻落实全国煤矿瓦斯防治工作会议精神的通知	国务院安全生产委员会办公室
2010.02.06	国务院关于进一步加强淘汰落后产能工作的通知	国务院
2011.06.13	国务院关于加强地质灾害防治工作的决定	国务院
2012.04.03	国土资源部关于开展工矿废弃地复垦利用试点工作的通知	国土资源部
2012.07.09	国务院关于印发"十二五"国家战略性新兴产业发展规划的通知	国务院
2012.09.20	国土资源部关于煤炭资源合理开发利用"三率"指标要求（试行）的公告	国土资源部
2012.11.04	国务院办公厅转发安全监管总局等部门关于依法做好金属非金属矿山整顿工作意见的通知	国务院办公厅
2013.01.23	国务院关于印发循环经济发展战略及近期行动计划的通知	国务院
2014.08.19	国务院关于近期支持东北振兴若干重大政策举措的意见	国务院
2015.01.01	中华人民共和国环境保护法	全国人民代表大会常务委员会

通过矿山环境综合整治相关政策的不断出台，闭矿矿山水、土环境全面调查及相关法律法规陆续出台（王丽敏和张志成，2016）。在可持续发展和习近平生态文明思想指导下，矿山环境在逐步改善，明确了矿山企业责任、合理制定关闭规划、合理审批资源矿产利用指标、严格审查与批准矿山用地等工作对矿山关闭至关重要。对于煤矿关闭存在的主要问题汇总见表 2.3（王贺封，2008）。

表 2.3　我国煤矿关闭存在的主要问题

问题	原因分析	解决难点
土地复垦与恢复问题	占用土地及地面塌陷	不易处理，容易造成水土污染
生态环境问题	水、土、气的污染，地表景观的破坏	恢复周期长
安全问题	地面塌陷、滑坡、崩塌、坍塌	不可防范性
资产合理利用	关闭后闲置设施的再利用	改造或重建都需要较大的人力、物力
煤矿关闭资金保障	资金来源	
煤矿关闭善后工作	职工就业、社会保障	

2.2.2　煤矿关闭技术

对于关闭的煤矿，需要同时考虑井下空间的关闭技术与地表部分的处理技术。根据煤矿关闭时所处的资源、环境的差异，有不同方式的处理方法及关闭技术（表 2.4）。

表 2.4　煤矿关闭的处理方法及关闭技术

关闭类型	特征	出现的问题	处理方法及关闭技术
资源枯竭型	资源已经枯竭或接近枯竭，井下空间重新恢复使用较为困难	煤矿关闭后，部分遗留在采空区的煤炭向空气中释放废气污染环境；地下采空区可能导致上覆岩层的垮塌，发生失稳变形	抽采可利用的瓦斯等资源，减少排放至大气中的废气；进行地下采空区的及时充填
资源开采不经济型	主要由于地质条件复杂、开采技术难度较大、危险性较高、法律法规明确限制或禁止开采等原因	可能在已开采部位造成采空区塌陷	利用井下巷道或空间，进行加固后作为遗产资源供游客观光旅游，若存在地热等资源，可以借助巷道进行地热资源开发
局部关闭型	开采年限较长，部分区域煤炭资源枯竭、部分区域仍具有开采价值，生产区域与关闭区域处于完全隔离的状态		一是可借助资源优势，对相关产业进行转型升级；二是开发原有井下空间用于旅游等

从表 2.4 不难看出,除了对产业的转型升级需要对地下采空区进行加固,一般多采用充填技术进行煤炭矿山关闭。在对地下巷道的充填技术中,首先应对采空区上部岩层的稳定性进行评定,同时对上部岩层进行顶柱支撑等工程技术手段;其次对不进行他用的采煤巷道进行牢靠的封闭,可以用废石充填,封堵入口,同时用钢筋混凝土进行压实与固结。但须对充填体进行工程质量评价,防止充填体下沉或造成地下水与土壤遭受破坏。

在我国,矿区地表污染处理技术已有相关标准与法律进行有效支撑。对于地表情况变化不大的矿区,在完成巷道充填或加固工程后根据闭矿后土地使用类型来进行规划与建设,如土地复垦、植树造林等。对于已出现明显地表变形的采空区,如采煤塌陷区等,进行合理设计与规划。若岩层塌陷地下水上涌,可以进行矿山公园、湿地公园、鱼塘等的人文自然景观或养殖业的设计;若地表仅塌陷,并未有地下水上涌,建设矿山公园或削高垫低后再进行土地复垦类型的规划。

露天开采煤矿在闭矿后,对开采平台、废石堆等进行削坡整治,减少崩塌、滑坡等地质灾害隐患,进行生态修复及土地利用(张鹏 等,2016)。

虽然修复技术多样但生态修复时间较长,水、土、气等遭到化学元素的污染则会增加修复难度和修复时间。因此在矿产开发初期,应从矿山生命周期的角度规划、开发与治理,实现统筹管理。

2.3　我国煤炭矿山地质环境问题

煤炭资源开采会造成覆岩土体应力场、渗流场的变化,产生含水层岩体破坏、地表及地下水资源动态变化、水位下降、地表下沉和松动、水土环境污染等一系列地质环境问题。

针对我国重要煤炭基地存在的生态地质环境问题进行调研,表 2.5 列出了典型煤矿区存在的地质环境问题,其中地面塌陷、地裂缝、煤矸石压占土地等问题最为普遍。此外,在鲁西、两淮和河南基地地下水埋深浅,塌陷区积水和水体污染问题突出;山西和冀中基地煤矿区岩溶地下水问题突出,存在地下水位下降、岩溶大泉干涸或泉流量减少、水质恶化等问题。

表 2.5　我国重要煤炭基地典型煤矿区地质环境问题

生产基地	典型煤矿	主要矿山地质环境问题
蒙东基地	宝日希勒、伊敏、大雁、霍林河	地面塌陷、地裂缝、局部地下水位下降、湿地萎缩、草地退化
神东基地	神府、东胜	含水层岩体破坏、地面塌陷、地裂缝、地下潜水位下降和地表水减少、水质污染
新疆基地	准东、伊犁	地形地貌改变、地表植被破坏、水资源枯竭、水土流失加剧

续表

生产基地	典型煤矿	主要矿山地质环境问题
山西基地	西山	地面塌陷、地裂缝、煤矸石压占土地、岩溶地下水位下降（年下降 1~2 m）、晋祠泉流量减少、酸性矿坑水等
	阳泉	地面塌陷、地裂缝、煤矸石压占土地、地下水位下降、河水断流、水质恶化
冀中基地	开滦	地面塌陷、地裂缝、煤矸石压占土地、局部地下水位下降
	峰峰	地面塌陷、地裂缝、煤矸石压占土地、局部地下水位下降，黑龙洞泉群发生断流，矿区地下水硝酸盐氮超标数占总监测点数的 86%、岩溶突水
鲁西基地	兖州	煤矸石压占土地、地面塌陷积水、地裂缝、岩溶突水
	淄川	煤矸石压占土地、奥灰水串层污染、酸性矿坑水、岩溶突水
河南基地	永城	地面塌陷积水、地裂缝、煤矸石压占土地和地表水、地下水污染
	焦作	地面塌陷、地裂缝、煤矸石压占土地、地下水位下降、孔隙水污染、矿坑突水
两淮基地	淮南和淮北	地面塌陷积水、地裂缝、煤矸石压占土地、煤矸石堆滑塌、大量耕地受损、土地盐碱化严重、土壤肥力降低、地表水和地下水污染
云贵基地	文山、红河	植被退化，地表塌陷诱发滑坡、崩塌、地裂缝等地质灾害

2.3.1　土地资源压占与破坏

1. 土地资源压占

煤矿开采过程对土地的压占包括两类：一类是露天开采表层土石剥离、堆积占压形成的外排土场；另一类是地下开采和洗煤过程中产生的矸石无序堆积，导致对土地的压占。

外排土场是指在露天开采煤矿的过程中，把开挖剥离出的煤层上覆岩体和表土运送至露天开采场地之外堆积形成的人工地貌。其对土地的压占破坏十分严重，统计数据显示，全国的煤矿每开采一万吨煤，形成的排土场就要压占约 0.16 km^2 的土地。

煤矸石是指在煤炭开采和洗选加工过程中产生的固体废物。据调查显示，到 2010 年，全国国有煤矿的矸石山堆积量高达 30 亿 t 以上，约占用土地面积 5 800 hm^2，而且每年约以 2 亿 t 的速度递增（尹国勋，2010）。尽管我国煤矸石的综合利用程度每年都在增大，但是总体来看，煤矸石的综合利用占比还是偏低。另外，长时间未经利用的矸石堆，造成的土地压占、滑坡等地质环境问题，迫切需求合适的复垦方案。

2. 土地资源破坏

调查结果显示，在 1987～2009 年，我国因煤炭开采破坏的土地面积达 100 万 hm^2。煤炭开采造成的土地资源破坏以农田为主，给矿区周边地区的农业生产带来严重影响。

尽管我国露天煤矿产量在煤炭总产量的占比只有 5%，但露天开采对土地的破坏却十分严重。据调查显示，露天煤矿每开采 1 万 t 煤就要挖损土地的面积为 0.02～0.18 hm^2。到 2008 年，我国的露天采煤挖损的土地面积约为 8 800 hm^2（刘鑫 等，2008）。而在我国东部的平原区，煤矿开采地表塌陷造成大面积积水、受淹和盐渍化土地，导致矿区附近可用耕地面积急剧减少。

据统计，我国因煤矿开采直接破坏的森林面积累计高达 106 万 hm^2，破坏草地面积累计为 26.3 万 hm^2（张邦花，2016）。植被的破坏使得矿区及周边生态结构破坏、功能及稳定性下降，引起水土流失和沙漠化。

2.3.2 地面塌陷等地质灾害

煤矿区地面塌陷是采煤活动造成的主要地质环境问题之一。煤矿井工开采形成地下采空区，导致上覆岩层应力平衡改变，进而发生变形、移位，逐渐沉降形成洼陷或塌陷地带。据测算，平均万吨煤引起的地表沉陷为 0.2 hm^2，截至 2005 年我国因煤炭地下开采形成的地面塌陷面积就已达 40 万 hm^2，且平均每年以 1.5 万 hm^2 的速度增加，在这当中农用地占 30%。截至 2003 年，遭受采矿塌陷影响的城市已经高达 30 多个（魏东岩，2003）。地表沉陷导致地处平原地区的鲁西基地与两淮基地大量的耕地受损，土地盐碱化严重，从而加剧了煤炭开采与农业发展的矛盾。地处山区、丘陵地区的云贵基地，由于煤炭开采引起的地表塌陷更易诱发滑坡、崩塌、地裂缝等地质灾害。由地面塌陷问题所引发的环境问题主要表现在三个方面。一是国土资源和生态环境遭到严重破坏。原本平整的土地变得坑坑洼洼，好多地段常年一片汪洋，耕地面积也在迅速减少。塌陷区边部形成地面裂缝，耕地、交通道路、通信线路、水利设施和地下水系均遭到破坏。二是塌陷区的植被破坏、水土流失严重、有害生物大量繁殖，煤矿区居民的生产生活受到严重威胁。三是引发一系列的社会问题，增加了许多不稳定因素，并且在一些山区，地表塌陷造成的山体开裂、滑坡和泥石流时有发生，造成人为地质灾害。

2.3.3 水资源与水污染问题

我国北方煤炭基地大多位于水资源缺乏地区，且都属于资源型缺水和工程型缺水并存的地区。煤炭资源丰富的地区往往水资源匮乏，形成了"煤多水少"的局面。其中，山西、陕西、宁夏、内蒙古和新疆五省（自治区）煤炭保有储量约占全国的 76%，但水资源总量仅占全国的 6.14%。煤炭资源分布和水资源配置形成显著的逆向性。14 个大型煤炭基地中，仅云贵基地、两淮基地和蒙东（东北）基地的部分矿区水资源相对丰富，其余煤炭基地均严重缺水，生态环境先天不足。煤炭资源的开采一般对地表水资源及地下水资源造成重大影响。对地表水资源的影响主要是对水质产生污染；而对地下水资源的影响主要是导致地下水位下降，水资源枯竭及地下水污染等。

煤炭开采产生的矿井水、洗煤水和矸石淋溶水若处置不当，废水中的少量重金属、有害有毒物质会对矿区地下水、地表河流造成严重污染，改变水体酸碱度。开采 1 t 煤排水量为 1.75～2.15 t，2010 年全国采煤排水量为 61 亿 t，而煤矿每年产生的各种废污水约占全国总废污水量的 25%。大量水资源的流失和破坏，会加重矿区地下水位的下降，促使风蚀和水土流失加剧。对水资源影响较为严重的区域主要位于我国的干旱和半干旱地区，以神东基地、蒙东基地、新疆基地、山西基地为代表，该区域的年均降水量大多在 350 mm 以下，且蒸发系数较高，供水量与基地需水量矛盾呈加剧趋势。

对全国重要煤炭基地矿井水调查与资料整理显示（图 2.1），鲁西基地、山西基地、云贵基地的矿山酸性水污染最为严重；两淮基地、鲁西基地、山西基地、蒙东基地、河南基地、宁东基地及新疆基地矿坑水表现为高矿化度；新疆基地、宁东基地、两淮基地及鲁西基地表现为高硫酸盐的特征（表 2.6）。

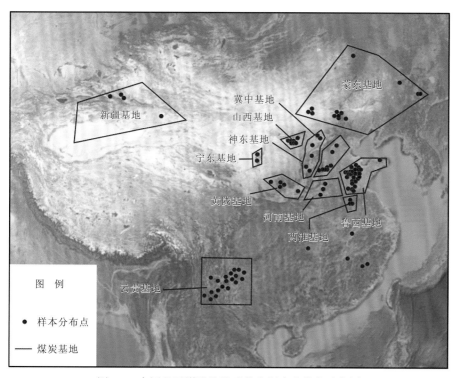

图 2.1　全国重要煤炭基地矿井水调查点分布示意图

据李庭（2014）修改

表 2.6　全国重要煤炭产区矿井水数据统计表　（单位：mg/L，pH 除外）

产煤区	调查点	含量分布	pH	F$^-$	总 Fe	总 Mn	总含盐量	SO$_4^{2-}$
两淮基地	34	范围	6.8～8.9	0.05～3.15	0.01～0.29	—	430～6 084	1～4 285.17
		中位数		0.57	0.23	—	1 826	253
		算术平均值		0.95	0.18	—	2 113.8	736.01
鲁西基地	65	范围	2.7～9.0	0.19～2.92	0～691.02	0.02～21.42	403～5 266	74.17～3 410.1
		中位数		0.91	0.50	10.72	1 616.9	1 180.34
		算术平均值		1.03	93.49	10.72	1 997.3	1 245.89
山西基地	23	范围	3.42～8.81	0.20～5.93	0.03～102.9	0.02～8.10	464～4 144	2.9～2 726
		中位数		0.59	0.22	0.65	642	134.60
		算术平均值		1.38	7.92	2.54	1 142.6	501.03
蒙东基地	34	范围	6.30～8.40	0～3.69	0.01～11.28	0～0.71	356～4 233	60.6～406
		中位数		0.86	0.30	0.12	1 100	216
		算术平均值		1.10	1.36	0.18	1 245.56	222.62
云贵基地	40	范围	2.30～8.83	0.11～1.50	0.09～669.96	0.01～32.00	504.02～2 932.24	46.40～2 280
		中位数		0.39	3.00	0.50	1 333.51	725
		算术平均值		0.47	58.96	4.76	1 529.51	875.40
神东基地	10	范围	7.6～8.60	4.13	0.20～6.50	0.16	980.00～1 684.70	148.70～651.00
		中位数		4.13	3.35	0.16	1 383	250.59
		算术平均值		4.13	3.35	0.16	1 357.68	368.62
冀中基地	9	范围	6.80～8.40	0.03～0.60	0～1.23	0～0.39	200～5 356	7.12～1 818.00
		中位数		0.20	0.04	0.03	601.63	58.60
		算术平均值		0.24	0.20	0.02	1 094.90	332.83
河南基地	27	范围	7.15～8.80	0.30～4.59	0.09～32.10	0.01～2.35	350～1 965	24.70～643
		中位数		0.90	0.87	0.04	662	159
		算术平均值		1.06	5.33	0.57	783.08	202.62

续表

产煤区	调查点	含量分布	pH	F⁻	总 Fe	总 Mn	总含盐量	SO_4^{2-}
宁东基地	9	范围	5.60～8.20	0.80	0.01～100.00	10	45.50～9 982	884.3～2 123.01
		中位数		0.80	1.56	10	4 895.50	1 503.66
		算术平均值		0.80	15.21	10	5 401.35	1 503.66
新疆基地	7	范围	7.30～8.21	0.26～0.80	0～0.59	0～0.06	758～22 225	8.36～4 654
		中位数		0.32	0.17	0.05	16 097.50	2 604
		算术平均值		0.46	0.23	0.04	12 344.67	2 365.39
黄陇基地	6	范围	6.96～8.41	1.60	0.10	—	240～1 450	45.28～243
		中位数		1.60	0.10		537.20	224
		算术平均值		1.60	0.10	—	607.88	192.06

　　酸性矿井水系指 pH 小于 6 的矿井水，根据调查与统计结果，中国部分地区矿井水呈酸性，pH 为 2～4 的酸性矿井水占 6.5%，pH 为 4～6 的矿井水占 3.6%，主要分布于鲁西基地、山西基地、云贵基地（表 2.6）。其酸性成分主要是煤层中的高硫矿物氧化形成的。这类矿井水常含有较高的铁锰及其他重金属。赋存在煤层中的黄铁矿（FeS_2）是造成矿井水变酸的主要因素，当 FeS_2 与氧气及水接触反应后的产物便是铁离子及硫酸，具体的反应方程式如下所示：

$$2FeS_2 + 2H_2O + 7O_2 =\!= 2Fe^{2+} + 4SO_4^{2-} + 4H^+ \tag{2.1}$$

$$12FeSO_4 + 6H_2O + 3O_2 =\!= 8Fe^{3+} + 12SO_4^{2-} + 4Fe(OH)_3 \tag{2.2}$$

$$2Fe^{3+} + 3SO_4^{2-} + 6H_2O =\!= 2Fe(OH)_3 + 6H^+ + 3SO_4^{2-} \tag{2.3}$$

　　高矿化度矿井水一般是指总含盐量大于 1 000 mg/L 的矿井水，根据调查与统计结果，全国主要煤炭基地矿井水总含盐量在 1 000～2 000 mg/L 的占比为 28.5%，在 2 000～4 000 mg/L 的占比为 18.3%，总含盐量大于 4 000 mg/L 的占比为 10.2%，主要分布在两淮基地、鲁西基地、山西基地、蒙东基地、河南基地、宁东基地及新疆基地（表 2.6）。其中，新疆基地、宁东基地、山西基地、河北峰峰矿区的矿井水矿化度较高。

　　高硫酸盐矿井水一般是指硫酸盐质量浓度大于 250 mg/L 的矿井水，根据调查与统计，中国矿井水硫酸盐质量浓度为 1～4 654 mg/L，均值为 780.58 mg/L，高出《地下水质量标准》（GB/T 14848—2017）III 级标准的 3 倍以上，其中硫酸盐质量浓度在 250～1 000 mg/L 的矿井水占比为 26.5%，在 1 000～2 000 mg/L 的矿井水占比为 16.3%，有 11.6% 的矿井水硫酸盐质量浓度超过 2 000 mg/L。高硫酸盐地区主要集中在新疆哈密矿区、宁东基地、山西大同矿区、两淮基地及鲁西基地。高硫酸盐矿井水的形成原因大致有两种：一是因为开采含有黄铁矿煤层时，黄铁矿与矿井水及空气接触，生成大量的硫酸盐；二是矿区某些含水层中的岩盐和石膏的溶解提供了大量的硫酸盐，这些含水层中的地下水又是矿井水的主要来源。

在全国各矿区广泛存在的矿山地质环境问题，如地面塌陷、地裂缝、岩溶突水、地下水位下降、水资源量减少及水污染等问题均与开采导致的含水层系统岩体结构、应力场、渗流场、水化学场的变化有关。

第3章　煤炭矿山含水层破坏机制与破坏效应

中国具有开采价值的煤层主要集中在晚石炭世—早二叠世、晚二叠世、早侏罗世—中侏罗世、晚侏罗世—早白垩世4个聚煤期。由于华北型的石炭系及华南型的二叠系多数形成于滨海、潮坪、潟湖等海相环境，含煤岩系中夹有厚度不一的多层碳酸盐岩。它们在一定厚度条件下很容易发育岩溶，特别当它们通过地质构造与煤层底板厚层、巨厚层碳酸盐岩的岩溶发生水力联系时，如华南型煤田的二叠系的茅口灰岩（厚100～200 m左右）岩溶、华北型煤田的基底奥陶系灰岩（厚200～800 m）岩溶，岩溶更加发育，岩溶水的动储量十分巨大。如我国华北煤田，主要含煤地层为二叠系，发育2～10层煤层，总平均厚度在 10 m 左右，其次为石炭系，少数矿区发育侏罗系可采煤层。根据含水层性质，煤田内地下水可划分为三类，煤系地层下伏奥陶系—寒武系的裂隙岩溶水、煤系地层内部的岩溶-裂隙水和局部上覆的松散层孔隙水（图3.1）。其中，奥陶系—寒武系岩溶水含水层厚度大，大部分地区在 400～800 m，富水性强，从而使煤矿生产的安全性受到重大的水害威胁。

中国煤田经过近一个世纪的煤炭开采，多数煤层的开采已进入深层位，特别是华北型煤田，大部分矿井已经开采到石炭系下部煤层。由于石炭系下部煤层距奥陶系灰岩近，煤矿受岩溶水威胁底板突水现象尤为突出。另外，近年来华东、华北、西北等地区的许多煤矿开采上限也不断提高，已经在不同矿区、不同富水程度的松散含水层下开展近松散含水层开采。开采上限的提高所带来的松散顶板含水层破坏问题也成为采矿业所面临的巨大难题。同时，矿山开采导致的水资源枯竭及矿区水污染问题日益严峻。而目前国内外关于煤矿区含水层的研究主要集中在覆岩移动理论、底板突涌水、污染的定性定量评价和防治等问题上，缺乏对煤矿含水层破坏机制及破坏模式的系统研究。因此，非常有必要对煤矿生命周期含水层破坏机制与模式进行梳理，以便指导矿山安全高效生产与运行。

地层			代号	厚度/m	柱状图（比例尺1：20 000）	分层号	岩性及含水层特征描述
界/宇	系	统					
新生界	第四系		Q	10~350		19	黄色砂层及棕色亚黏土；松散岩类孔隙水，富水性一般
中生界	白垩系	上白垩统	K₂	50~200		18	黄色砂岩，砾岩，泥岩互层；碎屑岩孔隙-裂隙含水岩组，富水性一般
		下白垩统	K₁	10~200		17	紫色凝灰质砂岩，下部为安山岩；碎屑岩孔隙-裂隙含水岩组，富水性较差
						16	
	侏罗系	上侏罗统	J₃	0~300		15	上部玄武岩，下部砂岩，页岩夹煤层；碎屑岩裂隙含水岩组，富水性一般
						14	
		中侏罗统	J₂	0~200		13	砂岩，页岩夹流纹岩；碎屑岩裂隙含水岩组，富水性一般
	三叠系	上三叠统	T₃	50~500		12	灰黑色长石砂岩夹页岩；碎屑岩裂隙含水岩组，富水性较差
		中三叠统	T₂	40~300		11	灰黄色厚层长石砂岩夹砂质泥岩；碎屑岩裂隙含水岩组，富水性较差
古生界	二叠系	上二叠统	P₂	50~520		10	杂色砂页岩夹安山岩；碎屑岩裂隙含水岩组，富水性较差
		下二叠统	P₁	80~350		9	黄绿色中层石英砂岩，页岩夹煤层；碎屑岩裂隙含水岩组，富水性较差
	石炭系	上石炭统	C₃	50~200		8	灰白色厚层石英砂岩；碎屑岩裂隙含水岩组，富水性较差
		中石炭统	C₂	50~400		7	黄色中层砂岩与页岩互层夹煤层；碎屑岩裂隙含水岩组，富水性较差
	奥陶系	中奥陶统	O₂	80~450		6	灰色厚层灰岩为主夹白云质灰岩；碳酸盐岩类裂隙岩溶含水岩组，富水性较强
		下奥陶统	O₁	40~200		5	灰质薄层白云质灰岩；碳酸盐岩类裂隙岩溶含水岩组，富水性较强
	寒武系	上寒武统	∈₃	50~150		4	黑色厚层泥质灰岩；碳酸盐岩类裂隙岩溶含水岩组，富水性较强
		中寒武统	∈₂	50~150		3	灰色中层鲕状灰岩夹页岩；碳酸盐岩类裂隙岩溶含水岩组，富水性较强
		下寒武统	∈₁	50~250		2	深灰色灰岩及页岩；碳酸盐岩类裂隙岩溶含水岩组，富水性较强
太古宇			Ar	>800		1	灰绿色片麻岩，有花岗岩侵入

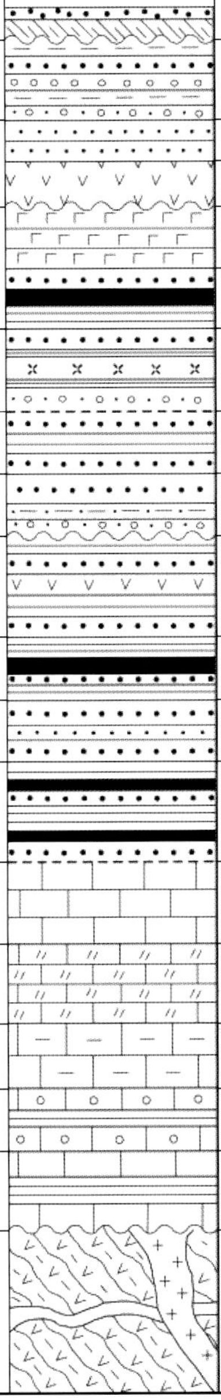

图 3.1 华北煤田地层柱状图及含水特征

3.1　煤炭矿山含水层破坏机制

3.1.1　含水层岩体结构破坏

井工开采煤矿对含水层岩体结构的破坏主要涉及矿山开采引起含水层内部岩体和顶底板隔水岩层的破坏，其破坏形式分为三种。

（1）矿井建设和开采期的直接破坏，如钻孔、开掘巷道、开采等活动直接揭露含水层。

（2）采空区"上三带"造成含水层结构破坏。"上三带"中冒落带、断裂带合称导水裂隙带。导水裂缝带导通或波及顶板含水层，引发地下水向矿井渗漏，可通过导水裂隙带发育高度判别是否影响矿井上覆含水层或地表水（辛宇峰，2016）。

（3）采空区卸荷引起隔水底板破坏或断层等活化。根据"下三带"理论，采空区底板发育卸荷破坏带，可造成下伏承压含水层向采空区突水。

以下主要介绍采空区顶底板岩体结构破坏对含水层的影响。

1. 采空区覆岩结构破坏对含水层的影响

煤矿采空区上覆岩层破坏分带，即"上三带"，包括冒落带、断裂带、整体沉降弯曲带，当波及地表时，在地表形成拉伸裂隙及地面沉陷区，简称"三带一区"。

1）对采空区上方隔水层的影响

根据采空区上方隔水层与"上三带"的位置关系，煤矿开采对隔水性能可能产生以下影响（沈光寒，1992）。

（1）隔水层位于采空区冒落带内，则隔水层被完全破坏，失去隔水性能。

（2）采动裂隙带触及或者贯穿隔水层，隔水层的隔水性能降低，采空区和覆岩含水层间形成水力联系。

（3）隔水层位于整体沉降弯曲带内，则隔水层的隔水性能受采动影响较小。

（4）隔水层位于整体沉降弯曲带以上，则隔水层不受采动影响。

2）对采空区上方含水层的影响分析

（1）当煤层埋深浅时，上部含水层容易受到采动裂隙波及，含水层的水沿导水裂隙快速向下渗漏，造成含水层水位下降（吴艳飞，2013）（图 3.2）。例如，山西平朔矿区三号井就属于该种类型，矿区煤层埋深较浅，采煤导水裂隙带发育到地表或第四系松散含水层，沟通了地表水，导水裂隙带范围内含水层中的地下水全部转化为矿井水，水均衡系统遭受破坏。

如果松散层孔隙含水层下伏较厚的隔水层，导水裂隙带未触及上覆含水层，由于存在水位差，地下水以越流的方式向下渗透。

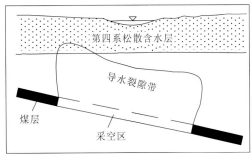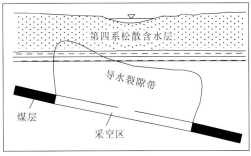

（a）无稳定隔水层　　　　　　　　　　（b）薄层隔水层

图 3.2　浅埋煤层开采对含水层的破坏示意图

参照赵春虎（2016）绘制

（2）对于深部开采煤层，当采动裂隙带波及上覆含水层，地下水向采空区渗漏，形成矿坑水，含水层结构遭到破坏（图 3.3）。例如，神东矿区的白垩系覆盖区，煤层埋深一般大于 120 m，采煤造成的导水裂隙带发展至白垩系砂岩孔隙裂隙含水层，造成地下水沿裂隙漏失。

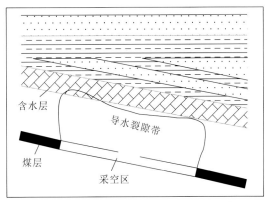

图 3.3　深部煤层开采对含水层的影响示意图

参照赵春虎（2016）绘制

当采动裂隙带未触及上覆含水层时，还需注意导水断层或阻水断层活化，以及导水陷落柱和封闭不良的钻孔构成地下水向矿井的渗漏通道（图 3.4）。

2. 采空区底板破坏对含水层的影响

采空区底板存在"下三带"（李白英，1999），成为采空区和下伏含水层间水力联系的通道。

当煤层开采矿压破坏带大于隔水层厚度时，采动破坏带与采空区下方含水层承压水导升带直接相连，下方地下水通过导水裂隙涌入采空区，如平朔矿区、峰峰矿区、邯郸矿区、邢台矿区、朔南矿区、轩岗矿区等均存在该现象。

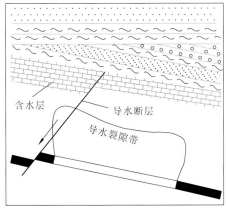

（a）采动裂隙波及导水断层

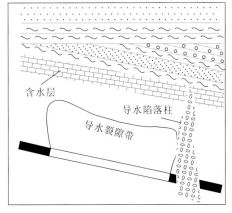

（b）采动裂隙波及导水陷落柱

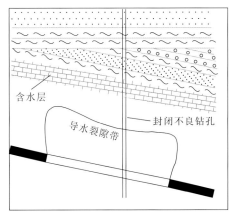

（c）采动裂隙波及封闭不良钻孔

图 3.4 非正常情况下覆岩含水层采动破坏示意图

除此之外，断层和岩溶陷落柱也是采空区与下方含水层联系的主要通道。断层的影响主要存在以下几种形式。

（1）断层切穿煤层或接近煤层时，承压水通过断层进入采动破坏带，进而进入采空区引起突水[图 3.5（a）、（b）]。例如，在洪山矿区 1935 年发生的矿坑突水事故，就是由于煤矿采动波及导水断层，缩短了煤层与含水层之间的距离，该断层南降北升，断距 34 m，该区煤层一般距下伏奥陶系灰岩含水层 67 m，断层缩小了采空区与奥陶系灰岩的距离，奥灰水以 18.88 kg/cm² 的水压突破底板，造成了奥灰水瞬间大量突水，突水量达 442 m³/min（吴艳飞，2013）。

（2）断层远离煤层，断层一般对含水层破坏影响较小，如果开采厚度大，受强大水压作用，也可能发生滞后型突水[图 3.5（c）]。

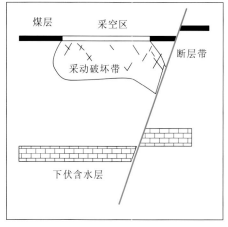
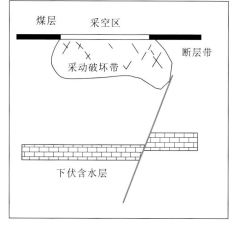

（a）断层切穿煤层及采动破坏带　　　　　　　（b）断层接近煤层及采动破坏带

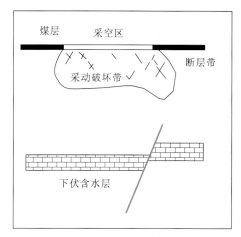

（c）断层远离煤层及采动破坏带

图 3.5　断层对煤层底板含水层的影响示意图

　　岩溶陷落柱也是引起矿区底板突水的主要原因，一方面，煤层采动使不导水的陷落柱破坏形成导水通道；另一方面，采动可能揭露原生导水陷落柱引起底板岩层突水事故（岳亚东，2008）。例如，山西平朔煤矿在 19108 工作面开采 9 号煤层时，发现一岩溶陷落柱的基底发育至 9 号煤底板下 47 m 的奥陶系灰岩含水层中，陷落柱破碎体成为奥灰含水层向 9 号煤层充水的导水通道。

3. 顶板导水裂隙带高度与底板采动破坏深度的估算

1）顶板导水裂隙带高度

　　《建筑物、水体、铁路及主要井巷煤柱留设与压煤开采规程》（以下简称《"三下"采煤规程"》）、《矿区水文地质工程地质勘探规范》和《煤矿防治水手册》有关导水裂隙带发育高度预测的半经验公式见表 3.1。

表 3.1　导水裂隙带发育高度预测的半经验公式

项目	采用规程	计算公式	适用条件
冒落带	《矿区水文地质工程地质勘探规范》	$H_m = 3 \sim 4M$	分层开采
	《"三下"采煤规程》	$H_m = \dfrac{100\sum M}{4.7(\sum M + 19)} \pm 2.2$	
	《煤矿防治水手册》	$H_m = \dfrac{100M}{0.49M + 19.12} \pm 4.71$	综放开采
	经验公式	$H_m = \dfrac{M}{(K-1)\cos\alpha}$	
导水裂隙带	《矿区水文地质工程地质勘探规范》	$H_f = \dfrac{100M}{3.3n + 3.8} + 5.1$	分层开采
	《"三下"采煤规程》	$H_f = \dfrac{100\sum M}{1.6(\sum M + 3.6)} \pm 5.6$	
	《煤矿防治水手册》	$H_f = \dfrac{100M}{0.26n + 6.88} + 11.49$	综放开采
		$H_f = 20K_{裂}M$	

注：H_m 为冒落带厚度；H_f 为导水裂隙带厚度；M 为可采煤层的平均厚度；K 为岩石松散系数；n 为煤层层数；"±"为修正系数，该系数使用与煤层硬度有关，符合极软弱条件的不加不减，不足取加号，超过取减号；α 为煤层倾角；$K_{裂}$ 为修正系数，一般取 1.2～1.5。

2）底板采动破坏深度

依据"下三带"理论，煤层底板在开采条件下，由于受到矿压及承压水的共同作用，自上而下形成"下三带"。矿压对底板破坏的深度主要与岩石的坚固性系数、工作面宽度、开采深度、煤层倾角等有关。目前根据国内对煤矿工作面的实测资料，建立的煤层底板破坏深度的估算公式为

$$h_1 = 7.929\,1\ln(L/24) + 0.009\,1H + 0.044\,8a - 0.311\,3f \qquad (3.1)$$

式中：h_1 为底板矿压破坏深度最大集中系数；L 为工作面的倾斜长度；H 为煤层开采深度；f 为底板岩层的坚硬系数；a 为岩层倾角。

3.1.2　地下水流场变化

在煤矿开采前，地下水流场受地形地貌、含隔水层分布、大气降水等天然因素控制，

地下水流场处于平衡状态，在短时间内变化较小。

在煤矿建设和开采期间，开采活动破坏矿体围岩，改变了降水和地表水体的径流和汇水条件，打破了地下水系统的自然平衡。同时，由于矿井疏排地下水，地下水流场发生明显变化，形成以矿井为中心的降落漏斗，流场由天然源汇向人工项变化，局部地带垂向流分量显著增加，地下水循环速度加快，水位大幅下降。

关闭矿山停止疏排地下水，地下水位回升进入矿坑，长期的采矿活动沟通了地下多个含水层，一旦采矿活动停止，地表水、不同含水层组的地下水及采空区的矿坑水会形成复杂的渗流模式（图3.6）。

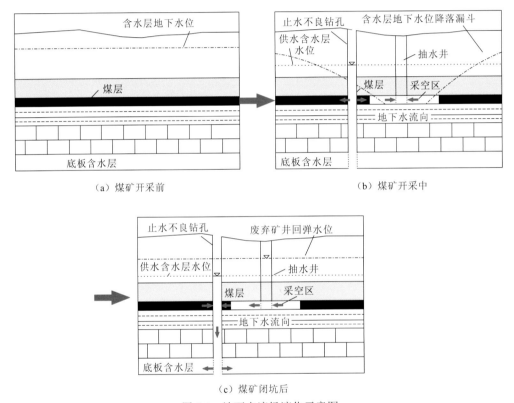

图3.6 地下水流场演化示意图

3.1.3 地下水污染

矿区地下水污染来源主要是矿井水、煤矸石淋滤液等。通过全国主要煤矿山调研数据及对国内外矿井水、煤矸石淋滤液等文献及成果的总结，矿井水与煤矸石淋滤液中的主要污染组分可以分为8种类型：①悬浮物；②矿化度，包含SO_4^{2-}、Cl^-、K^+、Na^+、Ca^{2+}、Mg^{2+}、HCO_3^-等离子；③pH，国内很多煤矿的矿井水呈酸性；④氟；⑤重金属，主要包含汞、铬、镉、铅、锌、砷（类金属）；⑥铁、锰；⑦有机物；⑧放射性物质。各个类型的危害程度及危害性详见表3.2。

表 3.2　矿井水与煤矸石淋滤液中主要污染组分及其危害

类型	污染物	危害程度	危害性
矿化度	SO_4^{2-}、Cl^-、K^+、Na^+、Ca^{2+}、Mg^{2+}、HCO_3^-	一般	不进行处理直接排放将会使自然水体含盐量上升、土壤盐碱化、不耐盐碱类林木长势削弱、农作物减产、抑制水生生物的生长和繁衍等
悬浮物	总溶解性固体	一般	含有较高悬浮物的矿井水排入自然水体后，会影响水体生物的呼吸和代谢，破坏水体生态环境，若用以灌溉农田，会降低土壤的透气、透水性，严重的还会引起河道堵塞
氟	氟化物	高	我国大部分煤矿矿井水中含有一定量的氟，但含量一般比较低。饮用水氟过量会引起氟斑牙甚至造成氟骨病
铁、锰	总铁、总锰	一般	饮用水铁锰过多会对人体造成不良影响。人体中铁过多对心脏有影响。锰超标会影响人的中枢神经，过量摄入对智力和生殖功能有影响，同时可引起食欲不振、呕吐、腹泻
pH	酸性物质	一般	酸性矿井水对井下生产系统造成腐蚀；排入自然水体后会导致鱼类、藻类、浮游生物等水生生物死亡，限制生物的多样性；排入土壤破坏土壤的团粒结构，使土壤板结，农作物枯黄，产量降低；人体长期接触可使手脚破裂，眼睛痛痒；通过食物链进入人体，影响人体健康
重金属	汞、镉、铬、铅、锌、砷(类金属)	高	汞具有很强的毒性。汞为积蓄性毒物，并有致癌和致突变作用。汞对水生生物有严重危害，可使鱼类或其他生物死亡，并抑制水体的自净作用。此外，汞也可在沉淀物中累积 镉类化合物毒性很大，与其他金属（如铜、锌）的协同作用可增加其毒性，对水生生物、微生物、农作物都有毒害作用。镉是很强的积累性毒物，玉米、蔬菜、小麦等对其具有富集性。人体组织也对其具有累积作用。镉进入人体后，主要累积于肝、肾等器官，引起骨节变形、神经痛、内分泌失调等症状 铬的毒性较小，但六价铬的毒性很大。六价铬可以诱发肺癌和鼻咽癌。铬的化合物对水生生物都有致害作用，特别是六价的危害最大。低浓度铬对蔬菜、谷物等的生产具有刺激作用 铅及其化合物对人体都是有毒的，主要损害骨髓造血系统和神经系统，对男性生殖腺也有一定的损害。铅可通过食物链富集 锌对人畜的毒性较小，但是对鱼类毒性却相当大。锌对水体自净有影响，对生物法处理设施和城市污水处理厂也有影响 砷的氧化物和盐易经消化道、呼吸道和皮肤吸收。饮用水中含砷 0.2～1.0 mg/L 会引起慢性中毒，其剂量随人的体重、忍受性、敏感性等因素而不同。砷能在肝、肾、肺、脾等蓄积

类型	污染物	危害程度	危害性
有机物	多环芳烃 石油类	高	多数多环芳烃具有致癌和致突变作用，是人类最早发现的致癌物。国际癌症研究机构（International Agency for Research on Cancer，IARC）（1976年）列出的94种对实验动物致癌的化合物，其中15种属于多环芳烃
		低	由于受到煤、废机油、乳化油等污染，矿井水中含有一定量的油类。矿井液压支架乳化油，会与水处理时加入的氯反应产生三氯甲烷等有机卤化物的母体，其中三氯甲烷已被确认是具有一定致癌性的物质。同时乳化油及石油类的润滑油等也均可被氯化反应生成多种对人体具有致毒、致刺激、致突变性的有机氯化物
放射性物质	α与β放射性物质	低	目前，我国有少数煤矿已发现含放射性污染物的矿井水，如重庆南桐矿业有限责任公司砚台煤矿和南桐煤矿中均发现α与β放射性物质，淮北某矿井水中总α、山东某矿井水中总β均超过生活饮用水标准。此外，煤炭中铀含量高时，经煤炭洗选时溶入选煤废水中，排出厂外，会给环境造成放射性污染

通过对闭坑煤矿的调查，从废弃矿井地下水污染源、污染途径、目标含水层与污染源之间的水力联系等方面考虑，总结了废弃矿井地下水污染包括以下7种模式。

（1）闭坑煤矿地表固体废弃物淋溶污染。煤矿闭坑后，煤矿废弃物，如煤矸石堆、粉煤灰、生活垃圾等在长期雨水淋溶的情况下，污染物会进入浅层地下水，导致地下水污染。

（2）闭坑煤矿地面塌陷积水入渗污染。在我国东部富煤平原区，煤矿开采形成大面积的地面塌陷，但由于地下水位埋深浅，常形成大面积塌陷积水和人工湿地，如黄淮海平原的徐州、唐山、兖州、济宁等地区煤矿开采形成的塌陷积水，作为地表水污染物的汇集区，水质一般都较差，通过塌陷裂缝等容易造成浅层地下水污染。

（3）顶板导水裂隙串层污染。煤矿开采导致上覆岩层形成导水裂隙带，在煤矿开采时，地表污染物通过导水裂隙带进入含水层，造成污染；煤矿闭坑后，地下水水位不断上升直至初始水位，矿坑水及老空积水中的大量污染物随着地下水运动，会对导水裂隙带波及的上覆含水层造成污染，如果导水裂隙带导通第四系松散含水层，则会顶托污染第四系含水层。

（4）底板导水裂隙串层污染。由于煤层开采造成底板岩层破坏，导水裂隙带发育，因此，当回弹水位高于底板含水层水位时，矿坑水将通过底板导水裂隙带污染下伏含水层。

（5）封闭不良钻孔串层污染。矿区大量的钻孔，包括地质孔、水文地质孔、观测孔、居民饮用水井等，这些钻孔和水井封闭不良或者有些民井干脆不做止水，成为不同含水层的水力联系通道，矿坑污染物通过这些钻孔串层污染各含水层。

（6）断层串层污染。在采煤过程中，天然导水断层或者受采煤扰动有隔水断层演化为导水的断层是煤矿突涌水的重要通道，因此，在煤矿闭坑后，水位回弹，矿坑受污染的水反补给其下含水层。

（7）陷落柱串层污染。岩溶陷落柱是岩溶空洞上覆岩层发生冒落而形成的。由于这种特殊地质现象的存在，成为矿区特殊的导水通道，在煤矿闭坑后，也是矿坑水串层污染含水层的另一个重要通道。

3.2　煤炭矿山含水层破坏的系统分析

3.2.1　煤炭矿山地质环境系统特点

煤炭矿山地质环境系统是一个以煤矿为核心、人为活动频繁、影响剧烈的复杂巨系统。一般以矿区范围为界，占地面积多为数平方千米至数百平方千米，垂向影响区可达数百米至数千米。矿区周边分布有采选冶的工厂、生活区及耕地等。

对于矿山地质环境系统而言，人为地质作用的主导性远超过自然地质作用。煤矿开采活动过程，破坏了采矿工作面至地表数百米岩层的结构，形成大面积采空区，上覆岩体在自重作用下发生变形，形成破坏-变形带，引发地面塌陷。疏干排水造成地下水位下降，形成降落漏斗，在黏土分布区域还会引起地面沉降。采煤过程中产生的煤矸石在地表堆弃，经过雨水淋滤后释放重金属等污染组分，造成地表水、地下水及土壤环境的污染；部分煤矸石堆在雨水长期作用下失稳，形成滑坡等地质灾害。采选冶活动的工业场地压占大量土地，造成土地资源的浪费。

煤矿闭坑后，人为输入锐减，但由于延迟效应的存在，其产生的影响持续输出响应。采煤活动停止后，地面塌陷进一步发展，地下水水位上升，以采煤废弃的矿井、抽水井及采动裂隙为通道，将各个含水层连通，采煤过程中产生的有害物质在其中运移扩散，引起地下水污染，造成附近居民饮用水质恶化，危害人体健康；煤矸石及尾矿堆弃物引起的地下水污染和滑坡等地质灾害也对居民的生命财产安全造成了威胁（图 3.7）。

在采矿过程和闭坑后出现的地质环境问题改变了人类的生存环境，反过来限制了人类进一步的活动，这一负反馈调节机制也是系统维持相对稳定的基础。

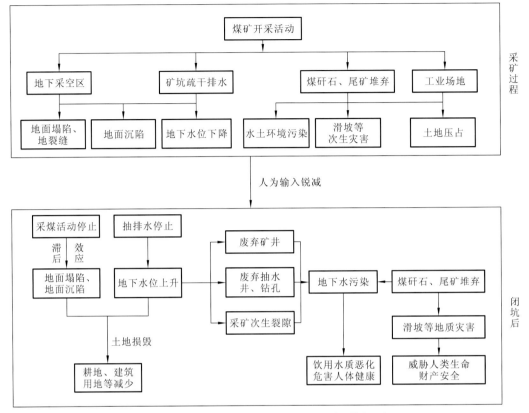

图 3.7 煤矿开采及闭坑后引起的地质环境问题

3.2.2 煤炭矿山含水层破坏的结构分析

1. 煤炭矿山地质环境系统的结构组成

地质环境系统的结构主要表示地质环境系统中各组分间的相互关联，相互影响，协同发展。地质环境系统是时间和空间的统一体。为了便于分析，有时又将地质环境系统的时空结构人为地划分为空间结构和时间结构。地质环境系统的空间结构则由地质环境子系统和人工子系统的物质实体及相互关系的空间分布组成。例如，在地质学中被称为结构或构造的地质形态，均属于地质环境系统空间结构的范畴。由于这类空间结构是在漫长的地质历史时期形成的，除非突发性的地质作用，一般在中小时间尺度上变化十分缓慢，肉眼很难辨识，似乎是固化的，可以把岩土体的这类内在结构形象地称为硬结构。除硬结构外，地质背景子系统中还有水、气等流体及能量的传递，并以物理场的方式展布，如地下水渗流场、水化学场、应力场、温度场等。这些物理场反映了该子系统内部的流体物质、能量的分布格局，以及从源到汇的物能交换情况，所以也是地质背景子系统空间结构的组成部分。与硬结构相比，这些物理场对外界作用反应更敏感，易发生结构性调整，显得较"软"，所以可将这些物理场形象地称为软结构（徐恒力，2010）。

地质环境系统内部各组分的组成及其相互作用随着时间的变化为地质环境系统的时间结构。在环境地质学中，地质环境系统各组分状态的变化、变幅及多种周期成分叠加而成的频率都是对系统时间结构的描述。

2. 煤炭矿山含水层破坏的系统结构分析

1）硬结构变化

如 3.1.1 小节详细讨论的煤矿开采与关闭过程对隔水层与含水层结构的改造即含水层硬结构变化。

2）软结构变化

（1）地下水渗流场变化。煤层开采过程疏干排水形成地下水降落漏斗。含水层和隔水层的结构变化，突涌水通道的形成改变了地下水的渗流途径和排泄方式，穿层裂隙也成为地下水的越流通道。煤矿关闭后，地下水位上升，地表水、不同含水层组地下水及采空区矿坑水会形成复杂的渗流模式。

（2）水化学场变化。在采煤过程中，地下水由相对封闭状态转变为开放状态，由还原环境变为氧化环境，煤层及围岩中含有的 FeS_2 等还原态的硫化物被氧化，形成硫酸，使地下水变为酸性。同时，矿山酸性水与围岩反应，使其内部的 Ca^{2+}、CO_3^{2-}、SO_4^{2-} 及重金属离子溶解释放，进入地下水。闭坑后，采矿过程疏干区氧化反应聚集了大量硫酸及其他化学物质，地下水位上升后，这些组分通过废弃矿井及封闭不良的钻孔运移至含水层中，对含水层造成污染。地下水在闭坑煤矿和采空区内进行聚集，矿化度不断增大。

（3）应力场变化。煤炭矿山应力场变化，在采矿和关闭初期主要表现为采空区周围岩层内的应力重新分布。将煤层视为理想化的均质弹性体，垂向应力线的分布图（图3.8）显示，等应力线 2 相当于原岩应力，在煤柱或煤体下方的一侧为增压区，而在采空区下方的一侧为减压区（刘埔和孙亚军，2011）。

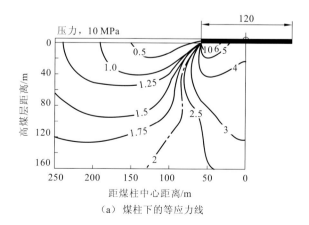

（a）煤柱下的等应力线

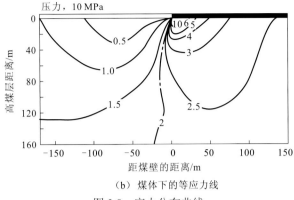

（b）煤体下的等应力线

图 3.8　应力分布曲线

根据弹塑性理论分析，采空区上覆地层内部的主应力可划分为三种类型：双向拉应力区、拉压应力区和压应力区。如果上覆岩土层较薄，采空区之上的应力分布为上部以拉压力和双向压应力为主，其下则以压应力和拉压应力为主；若上覆岩土层较厚，则下部除了压应力和拉压应力外，还出现了双向拉应力（图 3.9）（赵春虎，2016）。

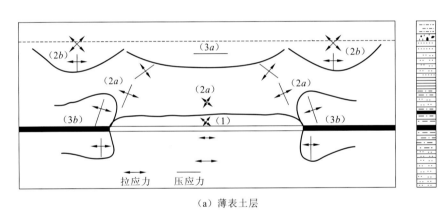

（a）薄表土层

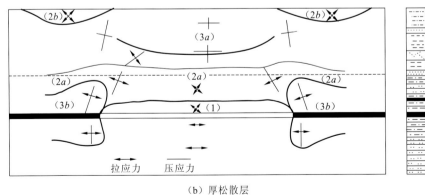

（b）厚松散层

图 3.9　采空区上覆岩层主应力分布图

3.3　煤炭矿山含水层破坏效应

从闭坑煤矿含水层整体结构破坏、地下水流场演化及含水层水质恶化等方面，综合考虑含水层破坏机理、方式及表现形式，将闭坑矿山含水层破坏效应总结为含水层结构改变型、含水层水资源量衰减型、地下水污染型和综合型 4 种模式。

3.3.1　含水层结构改变型

在自然状况下，煤层上覆和下伏含水层中的地下水受区域地形地貌、地质构造等条件控制（陈刚等，2005）。然而在煤矿开采活动扰动下，矿体围岩被破坏，在地下形成采空区，出现结构上的"临空面"，原有的应力场平衡被打破，覆岩和下伏含水层产生垮塌、导水裂隙、离层、弯曲，在地面最直观的响应是形成地面塌陷。

该类含水层破坏还受矿区内断层和岩溶陷落柱的影响。一类是煤层开采揭露了原导水断层和原生导水陷落柱，从而引发底板岩层突水；另一类是煤层采动造成不导水的断层和陷落柱发生破坏，从而形成导水通道，在此称为煤矿采动导致的"断层活化"和"陷落柱活化"，同样会引起底板岩层发生突水事故（图 3.10）。

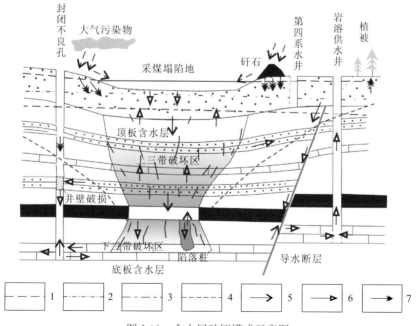

图 3.10　含水层破坏模式示意图

参照李庭（2014）绘制

1.孔隙水水位；2.煤层水水位；3.岩溶水水位；4.矿山疏干降落后水位；

5.开采期含水层间水流方向；6.闭矿后水流方向；7.关闭前后一致的水流方向

由此可见,煤矿开采活动直接导致含水层介质的含水、导水、隔水等能力的演化,因此,矿区含水层结构的扰动是含水层后续演化的根本原因,是引发地下水流场和化学场演化的导火索。

含水层结构改变形成地面塌陷主要发生在以层状岩类为主的裂隙充水矿床和第四系松散岩类覆盖的孔隙充水矿床。矿床一般位于河谷、河谷平原和山前冲洪积平原,矿体围岩为非可溶性岩石,成层状或块状,矿区构造变动强烈、褶皱、断裂、节理裂隙发育,围岩蚀变较强烈,易发生地面塌陷和地表开裂。我国煤矿区含水层地质结构(水文地质结构)复杂,多为双层、多层结构。地面塌陷发生后赋存于主含水层、弱含水层和导水断层构造破碎带内的地下水被串通,形成复杂渗流场。

3.3.2　含水层水资源量衰减型

采掘扰动使含水层结构发生"上三带""下三带"的结构变形、"断层活化"及导水岩溶陷落柱的发育等。由此引发的地下水向采空区渗漏和底板突涌水,采动影响范围内地下水降落漏斗的形成,以及煤矿闭坑后含水层水位大幅回弹是地下水流场响应的主要表现形式(图3.10)。

煤矿开采前,矿区地下水流场受地形地貌、地质构造、降水蒸发等自然要素的控制,地下水系统处在相对稳定的状态;煤矿开采活动打破了地下水系统的自然平衡,在矿井疏排地下水强烈扰动下,地下水的流场形态被改变,含水层遭到破坏,形成以矿井为中心的降落漏斗,地下水由天然状态下的水平流动演化为以降落漏斗为排泄点的垂向流动,地下水流速变快,水位急剧降低。而在煤矿闭坑后,地下水水位又大幅度回升,在水动力要素驱动下将会进一步引发含水层串层污染、污染水淹没或沼泽化矿区低地,以及威胁相邻矿井生产安全等问题。

该类含水层破坏主要发生在我国晋中、冀中、蒙东、神东、新疆等干旱和半干旱地区的煤矿基地,主要特点是煤矿开采导通各含水层导致地下水流场明显改变,水资源量衰减,对周边地下水供水条件产生影响,导致岩溶大泉流量明显衰减、地表河流干涸断流等,进而对区域生态环境带来威胁。

3.3.3　地下水污染型

大量矿井的关闭,伴随而来的矿区含水层污染和破坏日趋严重。矿井关闭会导致地下水位回升而回灌采空区,污染物将发生一系列水文地球化学反应,如溶滤解吸、氧化还原、离子交换等,进而在含水层中运移累积,成为地下水潜在污染源。此外,采动增强了含水层之间的水力联系,使矿区容易发生串层污染。污染源包括地表污染源与地下矿坑水污染源(图3.10)。

3.3.4　综合型

　　煤矿开采-关闭这一过程对含水层的影响主要体现在结构破坏、水资源量衰减及水污染三个层面。由于水文地质条件及开采方式的差异,有些煤矿含水层破坏主要体现在某一个方面,如我国黄淮海平原地区的煤矿井工开采含水层破坏主要表现为地面塌陷成湖,以含水层岩体结构破坏及其引发的长期效应为主,济南邹城的太平煤矿、河南永城煤矿、安徽大通煤矿等均属于这一类;我国山西和冀中煤矿基地等典型华北地层煤田,煤矿区岩溶地下水问题突出,一些岩溶大泉流量明显衰减,如河北峰峰矿区的黑龙洞泉、山西西山古交矿区的晋祠泉等岩溶大泉相继出现泉水断流和干涸等现象,含水层破坏主要表现在地下水资源量衰减方面;我国山东淄博洪山、寨里煤矿闭坑后,矿坑水串层污染深部奥陶系含水层,导致地下水污染严重,含水层破坏主要表现在地下水污染层面。

　　而在一些煤矿开采和闭矿的过程中,出现地面塌陷、地下水资源量衰减及地下水污染等问题并重,矿区含水层破坏则表现出综合破坏的形式。

第4章　煤炭矿山含水层破坏风险评价与管理

在美国、加拿大和澳大利亚等国家，在申请采矿许可时，需要评价矿山开发对环境的影响，并提交矿山开发和环境恢复的规划报告。矿山地质环境影响评价是编制规划的基础，也是公众监督矿山环境恢复效果的参考。矿山环境影响评价和环境恢复规划贯穿整个矿山生命周期，在矿山开发的过程中根据采空和恢复工程不断地修订。目前，已提出了一些先进的矿山关闭理论，如矿山生命周期管理、矿山风险管理、矿山关闭经济学和生态学理论等。在这些理论中，矿山风险管理被广泛认可，并用于矿山关闭项目的管理和环境保护规划，如南非的矿山关闭项目管理，主要包括项目管理、风险管理和同步工程三方面，其中风险管理用于预测和评价矿产资源开发对环境的影响，并分析是否调整项目管理计划。澳大利亚将矿山风险管理技术用于优化矿山关闭过程，减少矿产资源开发对经济、环境和社会等各方面造成的影响。

我国矿山地质环境风险的研究主要集中在矿山地质灾害和环境污染两个方面，适用于单个矿山的单个地质环境问题，但无法有效指导综合性地质环境问题的治理与规划。对于闭坑煤矿风险评价的研究也更多地集中在污染方面，其中对地表及浅层污染源造成的地下水污染相关研究较多，而针对废弃煤矿含水层破坏风险评价的研究还很匮乏，风险识别和指标体系的研究基本空白。闭坑煤矿含水层破坏风险评价与管理技术规范的欠缺，已经成为制约矿区地下水环境管理和防控的重要因素，近些年国家虽然制定了一些技术标准或规范，但这些并不能完全适用于闭坑煤矿含水层破坏风险评价与管理，因此亟须加强对闭坑煤矿含水层破坏评价管理模型的研究。

为此，本章将基于风险评估理论及闭坑煤矿含水层破坏理论研究，提出闭坑煤矿含水层破坏风险评价与管理的理论框架，介绍煤炭矿山含水层破坏风险评价和管理的技术要点，并且讨论矿山生命周期的含水层破坏风险管理模型。

4.1　矿山地质环境风险评价和管理的基本框架

美国哥伦比亚大学环境研究所（Institute of Environmental Studies，IDEA）和澳大利亚地质力学学会（Australian Geomechanics Society，AGS）所建立的滑坡等地质灾害风险评价和管理框架，由风险分析、风险评估和风险管理三个层次组成，该框架在国际上被广泛认可，并用于地质灾害的风险评价和管理。矿山地质环境风险评价和管理的理论框架，综合考虑了突发型矿山地质灾害和渐变型地质环境问题，但采用不同的风险表达和管理模型[图 4.1（Cardona，2011；AGS，2000）]。前者通过某一区域在一定时间内的期望风险值表示，其承灾体是建筑物和人等物理实体风险值，风险管理措施以灾前的治理和预防为主；后者通过现状条件下的风险值，并根据趋势分析其在一定时间内的风险值，其承灾体主要是生态、环境和地形地貌景观等，风险管理措施以环境和生态等恢复为主。除此之外，将矿山关闭等造成的社会风险放在易损性评价中考虑。

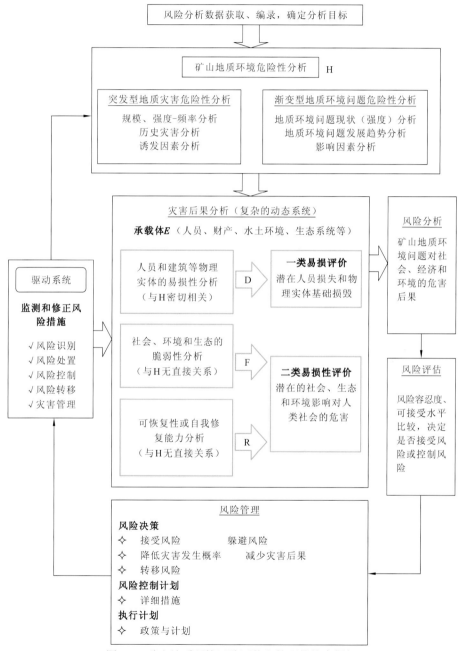

图 4.1　矿山地质环境风险评价和管理的基本框架

H 为矿山地质环境危险性；D 为人员和建筑等物理实体的易损性；F 为社会、经济与生态的脆弱性；

R 为生态和社会经济缺乏恢复能力

对于符合渐变型的地质环境问题，如水土污染、水土流失和地面沉降等，其发生和演化过程缓慢、连续，受采矿活动、地质背景和自然条件的综合影响，在短期内具有可预测性的特点，其下一阶段的状态能够被统计或通过经验模型预测。渐变型地质环境问题所造成的风险（特指经济损失，通常不存在人员伤亡）可以通过准确地预测其状态，而比较准确地进行风险评价。该类问题的风险减缓措施可以部署在地质环境问题发生前或发展过程中，无须预警或应急等管理措施。

对于突发型地质环境问题，通常指崩塌、滑坡、泥石流等地质灾害，其失稳突然、过程短暂，其发生的时间与失稳时所处的环境条件有很大关系，而环境条件是时刻变化、无法预知的，因此很难准确地预测这些问题失稳的具体时间，传统的统计学理论和经验模型对于突发型地质环境问题的预测不再适用，而模拟系统演化的非线性模型，如突变理论模型、人工神经网络模型等，也未能很好地解决其准确预测的问题。为此，提出破坏概率或者可靠度的不确定性方法，用于突发型地质环境问题的预测，考虑到问题发生过程和损失后果都具有不确定性的特点，形成了由危险性和易损性等组成的风险评价体系。对于突发型地质灾害需要制订应急抢险、灾害预案和预警管理的完整管理体系，包括灾害识别、评价、救灾和安置等各个环节。

矿山地质环境风险评价和管理的基本步骤包含以下 5 个部分。

（1）数据获取、编录，确定分析目标。通过系统的调查、勘测，揭示矿山各阶段地质环境相关要素的演化过程，主要的数据包括地质环境背景；已有矿山地质环境问题的强度、破坏损失调查、防治工程现状和实施条件调查；类似矿山关闭政策、社会问题和处理措施调查。

（2）矿山地质环境危险性分析。突发型矿山地质灾害和渐变型矿山地质环境问题需要开展危险性分析，但矿山关闭属于生命周期的必然过程，无须开展危险性分析。

突发型矿山地质灾害的核心是灾害规模、强度（速度、冲击力等）和发生频率的关系，规模和强度可通过历史灾害分析和现状条件下的模拟获取，灾害发生频率需综合考虑灾害体失稳概率和诱发因素出现概率两方面。

渐变型地质环境问题自采矿起始发生，贯穿整个矿山开采和闭坑过程，危险性分析需综合分析现状条件下的危险性和某段时间 t 内（从短期到整个矿山过程）矿山地质环境问题的发展趋势。它们的发展趋势可通过历史资料数据统计或经验预测模型获得，此分析过程中应考虑影响因素的平均作用强度。

（3）矿山地质环境易损性评价。易损性评价是矿山地质环境风险评价的核心和难点，矿山地质环境问题对人类社会和矿区生态系统的危害，与承载体的易损性、脆弱性和可恢复性有关。从社会的角度看，将易损性看作社会建设过程中的不足或赤字，它与社会经济、环境、人口和政策实施过程有关。Cardona（2011）将易损性来源归纳为三部分。①人员和建筑等物理实体的易损性（D）：人员、建筑物和构筑物等，受到地质灾害等作用，由于它们自身物理稳定性差而导致的易损性，是突发型矿山地质灾害易损性评价的重点内容。②社会、经济和生态的脆弱性（F）：对社会和生态系统的损害，其脆弱性来自可利用土地减少、矿工失业和矿业配套的产业衰败等，以及其他相对薄弱的社会、经济和环境因素，是渐变型矿山地质环境问题和矿山关闭过程易损性评价的重点，也包括突发型矿山地质灾害所引起的次生灾害的易损性评价。③生态和社会经济缺乏恢复能力（R）：针对环境、生态和社会经济的破坏，当缺少恢复能力或自我修复能力时的易损性评价，是渐变型地质环境问题和矿山关闭过程易损性评价的重点。

（4）矿山地质环境风险评估。风险评估是矿山地质环境总风险计算，确定矿山可接受风险（或风险容忍度）及比较的过程。可以通过风险-效益分析方法，确定地质环境风险是接受、容忍或者不可容忍。由于矿山所在地区的灾害意识、文化水平和经济水平的差异，政府部门和矿山所有者对风险的理解不一致，面对风险时的选择也会不同。因此，风险评估需要由经济学家、社会学家、矿山所有者和政府部门等共同参与。

（5）矿山地质环境风险管理。风险管理的重点是风险决策、风险控制和执行。风险决策是在风险评估后，做出相应风险应对的决定，通常有接受风险、回避风险和转移风险等决定。

风险控制是降低风险的具体措施，大体分为三类：降低矿山地质环境问题的危险性的工程措施、降低承灾体易损性、减少和分散灾害后果。在实际应用中，不同评估范围和矿山生命周期的不同阶段，矿山地质环境风险评价和管理的目标、内容和措施不尽相同，下面将分别介绍它们的技术要点。

4.2　含水层破坏风险评价的基本流程与风险组成

4.2.1　含水层破坏风险评价的基本流程

传统风险分析多数针对滑坡、地震和洪水等突发的灾害事件，通过概率来表达灾害发生强度和受灾对象的损失程度，继而核算潜在的危害，其风险以人口伤亡和经济损失来表达。含水层破坏属于渐变型地质灾害，其表达形式不同于灾害，其风险更多表现为社会经济和生态环境的负面影响。目前，环境污染风险评价主要聚焦于人类的健康议题，评价有害污染物进入人体的途径和对人体健康造成的影响。应用最广泛的是 USEPA 所提出的风险指数，该方法不能全面反映含水层破坏的全部风险。

含水层破坏这类渐变的地质环境问题能够通过统计、经验模型和监测来预测其短期的发展趋势，并预测它们在短期的危险性和后果，即风险（尹占娥，2009）。与突发灾害不同，渐变类问题的风险减缓措施可以部署在问题发生前或发展过程中，无须预警或应急等管理措施。根据国际上广泛认可的风险评估和管理框架，考虑含水层破坏的特点，构建矿业活动含水层破坏风险评估与管理的技术框架如图 4.2 所示。

矿业活动对含水层的破坏分析和风险评估需要对矿山地质背景、开发利用方案、矿区及影响区生态环境、社会经济状况（特别是依赖地下水和生态环境的产业经济）等进行调查。邻近区或地质条件类似的历史矿区的采矿活动、地质环境问题及治理工程效果可作为类比依据。本书着重对含水层破坏情况、地下水流场、水质及危害情况进行调查。

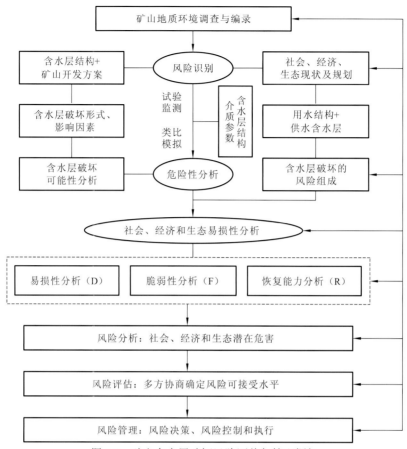

图 4.2　矿山含水层破坏风险评估与管理框架

根据前述矿山生命周期内含水层破坏形式，分析矿山可能存在的含水层破坏形式和潜在危害，相关的分析方法有试验、监测、类比和模拟。含水层破坏很大程度上依赖于矿业活动的方式和强度，因此该项分析需要考虑调整矿山开发利用方案的可能性。

4.2.2　含水层破坏风险组成

矿山含水层破坏与滑坡等地质灾害相比，其发展过程缓慢，风险的内容和表达形式往往不尽相同。含水层破坏的后果主要包括可利用地下水资源量减少、生态环境恶化、社会经济负面影响和含水层破坏的长期效应（图 4.3）。

（1）可利用地下水资源量减少。矿山可利用地下水资源量是指矿业活动影响含水层的可利用地下水资源量，取决于含水层地下水的可开采资源量和地下水水质。图 4.3 为典型煤矿三个含水层资源量随矿山生命周期的变化的概化模型。含水层破坏使得地下水可开采资源量减少，结合水质标准，可计算可利用地下水资源量变化，图中 d、e、f、g 是矿山各含水层可利用地下水资源量的减少量。

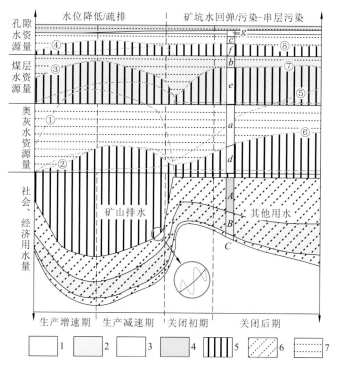

图 4.3　矿山不同开采阶段含水层破坏风险组成图

1. 奥灰水；2. 含煤地层内地下水；3. 孔隙水；4. 包气带水；5. 矿山抽排或破坏水资源量；6. 社会、经济发展需要水
资源量（不包括矿山排水）；7. 含水层可利用资源量；①②③④为矿山排水浪费的总水量及来自奥灰水、煤层水和孔隙
水的水量；⑤⑥⑦⑧为矿山地下水污染地下水总量及分配到奥灰水、煤层水和孔隙水的水量；A、B、C 为某时段社会经
济发展对各含水层的需水量；a、b、c 为某时段各含水层的可利用资源量；d、e、f 为矿业活动造成各含水层可利用水资
源的减少量；g 为矿业活动造成包气带水资源减少量

（2）生态环境恶化。在一些生态脆弱区，矿区地下水位下降和地下水污染会造成生态环境恶化，并破坏生态系统。疏干阶段，地下水位下降使生态供水功能下降，导致植物枯死；在地下水污染区，耐毒能力差的植物容易死亡，造成植物多样性减少，若污染严重，进入食物链，则对人类健康造成影响；在塌陷积水区陆生生态系统被完全破坏。图 4.3 中 g 表示包气带水资源减少量，其引起的生态效应是分析重点。

（3）社会经济负面影响。社会经济负面影响主要体现在用水紧张对当地产业经济的限制，以及地下水污染和生态环境恶化产生的社会问题。含水层破坏对社会经济的影响很大程度上取决于当地社会经济对含水层及生态环境的依赖程度。例如，淄博市淄川区社会经济对奥灰水高度依赖，当矿山关闭后矿坑水串层污染，社会经济问题凸显出来。该部分可以通过含水层的供需关系比较 a：A、b：B、c：C 来分析（图 4.3）。

（4）含水层破坏的长期效应。含水层破坏的长期效应与含水层自身的恢复和自净能力有关。当含水层缺乏自我恢复能力时，随时间发展可利用地下水资源量减少和生态环境逐步恶化，相应的社会经济负面影响加深。长期效应由图 4.3 中各条曲线的发展方向决定，它与含水层结构、生态、社会经济状况和发展规划均有直接关系。

4.3　含水层破坏风险评价

4.3.1　含水层破坏风险识别

正确识别闭矿含水层破坏的风险需要结合矿井生产的特点，通过水化学、地球物理及地质等监测数据与资料分析，实现含水层破坏风险源的空间定位，确定风险的发生发展路径和可能发生的风险特征。对于闭坑矿山含水层破坏的风险最直接的表现为含水层结构破坏、水位变化及水质恶化，继而造成地表塌陷、水资源量衰减、水污染等社会环境问题。因此，在本书中将风险识别对象分为含水层岩体结构破坏、地下水流场变化和地下水污染三类。具体识别内容如下。

（1）含水层岩体结构破坏识别。识别在矿山开采和闭坑过程中人为活动对含水层的影响。主要识别采煤对底板含水层、覆岩含水层的破坏，以及对地质构造作用造成的影响。

（2）地下水流场变化识别。主要识别矿区水文地质条件复杂程度、闭坑回弹水位与含水层最低水位关系、隔水层性质及含水层渗透性。

（3）地下水污染识别。主要识别矿井水水质、矿井开采面积、含水层厚度和含水层相对废弃矿井位置及可能造成含水层水质污染的污染源，如闭坑煤矿位置、矿井存在的主要污染因子等。

4.3.2　含水层破坏风险评价方法

根据第 3 章对含水层破坏机制和模式的分析，对含水层破坏风险的定义为风险承受主体（目标含水层）受到内外因素影响的可能性与严重性。根据对含水层破坏机制的分析，含水层破坏的风险主要受应力平衡条件、水动力条件变化及污染三个因素的影响，其风险表达式可表示为

$$R = \alpha A + \beta B + \gamma C \qquad (4.1)$$

式中：R 为含水层破坏风险程度；A 为应力平衡破坏风险；B 为水动力变化风险；C 为污染发生的风险；α、β、γ 分别为其对应的风险因子的综合权重。

目前，国内外关于地质环境风险评价的方法主要有迭置指数法、过程数学模拟法、统计方法和模糊数学方法，这四类方法在应用上各有侧重范围。迭置指数法因方法简单、操作性强应用最广。

迭置指数法首先需要确定指标体系中每个指标的评分区间与评分值，然后将研究区的评价指标的实际资料按照该标准进行评分，最后把各评分值按权重进行迭加确定其风险性。迭置指数法具有的优点首先是相对其他评价方法来说评价指标容易取得；其次就是评价方法相对于其他评价方法简单，利于推广与应用。当然，迭置指数法也有缺点，主要是这种方法具有一定的主观因素，在筛选评价指标、对评价指标评分及权重赋值时，受到一定的主观因素的影响，使评价结果呈现不唯一性。

由于含水层隐蔽性强、获取资料困难，为含水层破坏风险评价带来诸多不便，在这种情况下，更适于选用评价指标容易获取的迭置指数法进行评价。其评价基本流程见图 4.4。

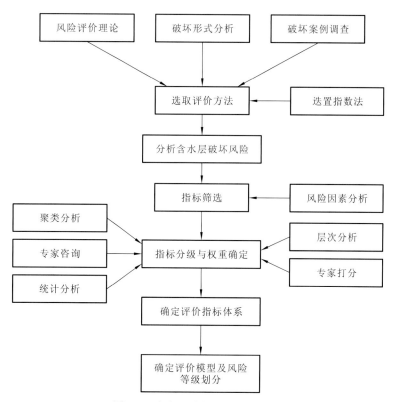

图 4.4　含水层破坏风险评价流程

4.3.3　含水层破坏风险评价指标体系

矿山含水层破坏风险评价指标体系要同时兼顾含水层本身的性质、污染源对含水层的影响和含水层可接受风险的程度。因此，在选取评价指标时，应遵循科学合理的原则，且可适用性强。通过选取指标建立指标体系时，首先要确定评估目标，然后采用统计分析等多种方法，推导出一个综合评价指标集，最后通过分析与评价，确定指标之间的约束条件，将松散的指标集合之间的联系变得更加紧密。

通过以上分析，综合考虑闭坑矿山含水层破坏的所有可能的环节与因素，筛选出包括含水层结构破坏、地下水流场变化、地下水污染三个一级指标及 12 个二级评价指标，如图 4.5 所示。

本次选取的 12 个评价指标的分级，主要参考行业经验值；参考相关指标的统计结果及专家评分法进行分级。

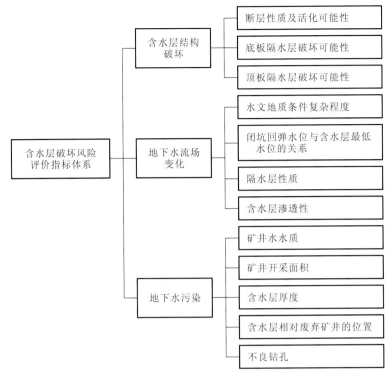

图 4.5　含水层破坏风险评价指标体系

1. 断层性质及活化可能性

在煤矿区普遍都存在一些断层，断层的性质不同，其导水性能也大不相同，对含水层的影响程度也不相同。其中，多数张性断层性质和正断层相似，导水性能好，与含水层中地下水的联系紧密，对含水层影响较大；压性断层大多和逆断层相似，由于其导水性能较差，阻隔着含水层中地下水通过断层导水，使其无法与地下水联系，对含水层影响较小。但在人为采矿活动影响下，某些压性断层可能向张性断层转化（张志祥 等，2016），导水性能增大间接会对含水层产生影响；扭性断层一般为平移断层，介于张性断层和压性断层之间，但这类断层也具有一定的导水性，采煤时也会对含水层造成破坏。不同断层的导水性及对应风险等级见表 4.1。

表 4.1　断层导水性及对应风险等级

项目	张性断层	扭性断层	压性断层
导水性	好	一般	差
对应风险等级	高	中	低

2. 底板隔水层破坏可能性

在采动影响下，煤层底板会逐渐发生变形、破裂，在采空区下方会形成"下三带"。

其中，导水破坏带处于煤层底板的最上部，导水破坏带岩层连续性破坏较严重，岩层内部出现了多组相互穿插的裂隙，增大了周围岩层的导水能力，增加了含水层破坏的风险（吴艳飞，2013）。因此，导水破坏带对其下部含水层的影响最大。导水破坏带影响深度分级及对应风险等级见表 4.2。

表 4.2　导水破坏带影响深度分级及对应风险等级

项目	导水破坏带影响深度/m		
	≥30	10~30	≤10
分级	强	中	弱
对应风险等级	高	中	低

3. 顶板隔水层破坏可能性

煤层开采前，上覆岩层处于应力平衡状态。在采动影响下，这种平衡被人为打破，上覆岩层会由于变形、破坏形成"上三带"。其中的导水裂隙带（冒落带和断裂带）会增大对上覆含水层破坏的风险，当导水裂隙带波及上覆各含水层的不同位置就会对其上覆含水层结构造成不同程度的破坏，见表 4.3。

表 4.3　导水裂隙带导通度及对应风险等级

参数	导通隔水底板	接近隔水底板	远离隔水底板
对应风险等级	高	中	低

4. 水文地质条件复杂程度

由于各矿区水文地质条件复杂程度的不同，在采煤时，对含水层的影响程度就会不同。当水文地质条件简单，含水层富水性弱时，表明含水层补、径、排条件单一且水量少；当含水层受到外界干扰时，仅会对自身产生一定影响，很少会波及其他含水层；当水文地质条件复杂，含水层富水性强时，这时含水层的补、径、排关系比较复杂，往往与多个含水层之间存在水力联系，一旦受到破坏时，会对多个含水层都会产生影响。不同水文地质条件的影响分级见表 4.4。

表 4.4　水文地质条件复杂程度及对应风险等级

项目	简单	中等	复杂
含水层富水性	弱	中	强
对应风险等级	低	中	高

5. 闭坑回弹水位与含水层最低水位的关系

在矿井闭坑后，停止对矿井进行疏排水，矿井水位将会出现回弹，回弹水位可能会出现三种情况：①回弹水位高度超过之前补给该矿井的含水层水位，就会造成矿井与含水层之间的补排关系发生变化，则地下水受污染的风险很大；②矿井废弃后的回弹水位低于含水层水位，则含水层补给矿井水，地下水污染的风险就会大幅降低；③回弹水位接近含水层水位，矿井水位可能超过含水层水位，对含水层进行补给，这种情况含水层依然存在被污染的风险。表4.5表明了不同水位关系的影响分级。

表4.5　闭坑回弹水位与含水层最低水位的关系及对应风险等级

比较关系	对应风险等级
回弹水位 ＞ 含水层最低水位	高
回弹水位 ＝ 含水层最低水位	中
回弹水位 ＜ 含水层最低水位	低

6. 隔水层性质

在厚黄土堆积的采矿区，下部的浅层含水层常常具有一定厚度的隔水底板。当浅层含水层及其隔水底板未被导水裂隙带导通时，则未被采煤影响到的含水层会由于其隔水底板厚度和渗透性的不同，受到的影响程度不同。当隔水底板厚度大或渗透系数小时，会对含水层起到很好的保护作用，含水层受到的影响较小；当隔水底板厚度小或渗透系数较大时，含水层会通过越流方式向下渗漏，导致含水层水位下降甚至疏干。其对应影响分级见表4.6。

表4.6　隔水层性质及对应风险等级

项目	厚度大渗透系数小	厚度小渗透系数大
对应风险等级	低	高

7. 含水层渗透性

对于不同的含水层，渗透性往往都存在差异。在含水层富水性一定的情况下，含水层中地下水位情况就与其渗透性有一定的关系。一般来说，含水层的渗透系数越小，受到影响的地下水量就越小，开采引起的含水层地下水位的最大降深所需时间或含水层疏干时间就会越长；反之，破坏程度就会更大。表4.7反映了不同渗透系数对应的风险等级。

表 4.7　含水层渗透性分级及对应风险等级

项目	含水层渗透性/（m/d）		
	≥50	10～50	≤10
分级	强	中	弱
对应风险等级	高	中	低

8. 矿井水水质

矿井水水质根据《地下水质量标准》（GB/T 14848—2017）中的水质划分标准可以分为三级，I~III 类水为良好级别，水质污染水平基本可接受，IV 类与 V 类分别为一般与较差级别，水质污染较为严重。矿井水水质越差，闭坑后对地下水污染风险越高。矿井水水质分级见表4.8。

表 4.8　矿井水水质分级及对应风险等级

项目	矿井水水质类别（地下水质量标准）		
	V 类	IV 类	III 类及以上
分级	较差	一般	良好
对应风险等级	高	中	低

9. 矿井开采面积

在矿区进行开采时，都不可避免地对埋藏在其中的含水层造成破坏。含水层破坏的程度主要取决于矿区的开采范围，开采范围越大，对矿区的水文地质条件影响越大，导致受到影响的含水层的数量越多，影响越严重。最终导致矿井封闭后对含水层地下水的污染可能性加大。

本节主要通过对多个矿区资料分析及专家建议划分开采范围等级，见表4.9。

表 4.9　矿井开采面积等级划分及对应风险等级

项目	矿井开采面积/km²		
	≥50	20～50	≤20
分级	大	中	小
对应风险等级	高	中	低

10. 含水层厚度

含水层导水系数取决于土壤的渗透能力和含水层厚度，它可以反映含水层介质的水力传导性能，还反映了污染物在含水层中迁移和扩散的范围尺度及含水层自身的净化能力。含水层厚度越大，相应的导水系数也就越大，污染物在含水层的迁移范围越广，含水层对污染物的衰减能力也越强。采用专家咨询法和聚类分析法对含水层厚度进行分级，见表 4.10。

表 4.10　含水层厚度分级及对应风险等级

项目	含水层厚度/m		
	≥60	30～60	≤30
分级	强	中	弱
对应风险等级	高	中	低

11. 含水层相对废弃矿井的位置

含水层相对废弃矿井的位置会对含水层产生不同程度的影响，当含水层位于地下水流的下游，则通过矿井的地下水将携带污染物不断向含水层聚集，导致含水层受到污染；如果含水层位于上游，则含水层相对于矿井来说，就是一个源区，不断对其进行补给，含水层受到污染的风险很小。相对位置风险等级见表 4.11。

表 4.11　含水层相对废弃矿井的位置关系及对应风险等级

矿井相对位置	含水层相对位置	对应风险等级
上游	正下游	高
上游	侧下游	中
下游	上游	低

12. 不良钻孔

煤矿开采可能会导致矿区内井壁管破裂，或者矿区内居民井孔止水效果较差，都会导致井孔止水失效，这些井孔会为一些没有水力联系的含水层或者巷道充当导水通道，导致闭坑煤矿发生串层污染。一般来说，产生串层污染的可能性与不良钻孔的数量有关。根据专家意见，建立了表 4.12 的风险等级分类。

表 4.12　不良钻孔数量分级及对应风险等级

项目	不良钻孔数量		
	≥6	3～6	≤3
分级	较多	一般	较少
对应风险等级	高	中	低

含水层破坏风险评价指标等级见表 4.13。

表 4.13　含水层破坏风险评价指标等级

序号	评价指标	高风险等级	中风险等级	低风险等级
1	断层性质及活化可能性	张性断层，沟通各含水层可能性大	扭性断层，有可能沟通各含水层	压性断层，沟通各含水层可能性小
2	底板隔水层破坏可能性	≥30	10～30	≤10
3	顶板隔水层破坏可能性	导通隔水底板	接近隔水底板	远离隔水底板
4	水文地质条件复杂程度	复杂	中等	简单
5	闭坑回弹水位与含水层最低水位的关系	高于	近似	低于
6	隔水层性质	厚度小渗透系数大		厚度大渗透系数小
7	含水层渗透性	≥50	10～50	≤10
8	矿井水水质	V 型	IV 型	III 型及以上
9	矿井开采面积	≥50	20～50	≤20
10	含水层厚度	≥60	30～60	≤30
11	含水层相对废弃矿井的位置	正下游	侧下游	上游
12	不良钻孔	≥6	3～6	≤3

4.3.4　含水层破坏风险评价指标权重确定

权重反映了评价指标对含水层破坏风险的重要程度。权重越大，该评价指标在判断含水层破坏风险时的影响越大。目前计算权重的方法有很多，但层次分析法运用最为广泛。

层次分析法确定含水层破坏风险各评价指标权重的基本思路为：首先将研究对象按总目标、各层子目标、评价准则的顺序分解为不同的层次结构，然后用求解判断矩阵特征向量的办法，求得每一层次的各元素对上一层次某元素的优先权重，最后再用加权和的方法递阶归并各备选方案对总目标的最终权重。层次分析法具体流程如图 4.6 所示。

1. 建立递阶层次结构模型

将含水层破坏风险评价指标体系划分为目标层（A）、准则层（B）与指标层（C）。其中，目标层表示需要处理的问题；准则层表示实现目标层需要进行的中间环节；指标层则表示实现目标层所采取的措施。然后，以表格的形式说明层次的递阶结构与要素的从属关系，建立含水层破坏风险评价指标体系结构模型，见表 4.14。

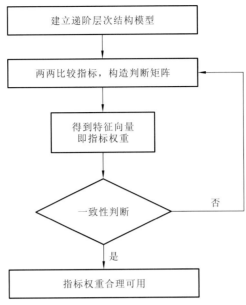

图 4.6　层次分析法流程

表 4.14　评价指标递阶层次结构

目标层 A	准则层 B	指标层 C
含水层破坏风险评价指标体系 A	含水层结构破坏 B_1	断层性质及活化可能性 C_{11}
		底板隔水层破坏可能性 C_{12}
		顶板隔水层破坏可能性 C_{13}
	地下水流场变化 B_2	水文地质条件复杂程度 C_{21}
		闭坑回弹水位与含水层最低水位的关系 C_{22}
		隔水层性质 C_{23}
		含水层渗透性 C_{24}
	地下水污染 B_3	矿井水水质 C_{31}
		矿井开采面积 C_{32}
		含水层厚度 C_{33}
		含水层相对废弃矿井的位置 C_{34}
		不良钻孔 C_{35}

2. 构造判断矩阵

根据含水层破坏风险指标评价体系的递阶层次结构，针对上一层的指标因素，在下一层次中将与之相关的指标进行两两比较，所得到的相对重要性用具体的数值表示出来，采用 1～9 标度法来量化比较的结果，见表 4.15，利用量化比较的结果构造判断矩阵。

表 4.15　九级标度法的标度及其描述

标度	比较影响因素 a 和 b
1	因素 a 与 b 同等重要
3	因素 a 与 b 稍微重要
5	因素 a 与 b 较强重要
7	因素 a 与 b 强烈重要
9	因素 a 与 b 绝对重要
2，4，6，8	两相邻判断的中间值
倒数	当比较因素 b 与 a 时，得到的判断值为 Cba＝1/Cab，Caa＝1

本节针对含水层结构改变型、水资源量衰减型及污染驱动型三种不同的含水层破坏模式，分别构造相应的判断矩阵。

本节中，使用和积法对判断矩阵进行求解，计算出判断矩阵的最大特征值和特征向量。计算方法如下。

对于给定的判断矩阵：

$$A = \begin{bmatrix} a_{11} & a_{12} & \cdots & a_{1n} \\ a_{21} & a_{22} & \cdots & a_{2n} \\ \vdots & \vdots & & \vdots \\ a_{n1} & a_{n2} & \cdots & a_{nn} \end{bmatrix}$$

先将判断矩阵 A 按照每一列规范化：

$$b_{ij} = a_{ij} \bigg/ \sum_{i=1}^{n} a_{ij} \quad (j = 1, 2, \cdots, n) \tag{4.2}$$

其次，把按照每一列规范化的矩阵，按照每一行求和：

$$v_i = \sum_{j=1}^{n} b_{ij} \tag{4.3}$$

将向量 $\boldsymbol{v}_i = (v_1, v_2, v_{3,} \cdots, v_n)^{\mathrm{T}}$ 进行规范化：

$$w_i = v_i \bigg/ \sum_{i=1}^{n} v_j \tag{4.4}$$

则 $\boldsymbol{w}_i = (w_1, w_2, w_{3,} \cdots, w_n)^{\mathrm{T}}$ 即为判断矩阵 A 的特征向量，也就是影响因素 A 的各个影响因素的权重值。

最后，设判断矩阵 A 的最大特征值为 $\lambda_{\max}$，则

$$\lambda_{\max} = \sum_{i=1}^{n} \frac{(Aw)_i}{nw_i} \qquad (4.5)$$

式中：$(Aw)_i$ 为向量 A 与向量 w 积的第 i 个元素。

3. 层次单排序的一致性检验

当判断矩阵的阶数不同时，通常难于构造出满足一致性的矩阵。但判断矩阵偏离一致性条件又应有一个度，为此必须对判断矩阵是否可接受进行鉴别，这就是一致性检验的内涵。因此，层次单排序的一致性可以用来检验指标权重是否合理。

首先，计算随机一致性指标 CI 的值：

$$\text{CI} = \frac{\lambda_{\max} - n}{n-1} \qquad (4.6)$$

然后，从表 4.16 中选择不同阶数判断矩阵的随机一致性指标 RI 的值。

表 4.16 平均随机一致性指标 RI

矩阵阶数	RI	矩阵阶数	RI
1	0	6	1.24
2	0	7	1.32
3	0.58	8	1.41
4	0.9	9	1.45
5	1.12		

最后，通过式（4.7）来计算矩阵的一致性比率 CR 的值：

$$\text{CR} = \frac{\text{CI}}{\text{RI}} \qquad (4.7)$$

对于三阶以上矩阵，只有当 CR<0.10，才认为该判断矩阵的层次单排序结果存在一致性。否则，应该重新调整指标之间的相对重要性，直到层次单排序结果具有可以接受的一致性为止。

按照以上方法，采用九级标度法分别确定目标层 A 与准则层 B 之间的判断矩阵和准则层 B 与指标层 C 之间的判断矩阵。本节判断矩阵的构建主要依靠专家打分法。

4. 层次总排序的一致性校验

层次总排序就是计算同一层次所有元素对于最高层次相对重要性的排序权值。这一过程是由最高层次到最低层次逐层进行的。若上一层次 A 由 m 个元素 A_1，A_2，$\cdots$，A_m 组成，其层次总排序权值分别为 a_1，a_2，$\cdots$，a_m，下一层次 B 由 n 个元素 B_1，B_2，$\cdots$，B_n 组成，它们对于元素 A_i 的层次单排序权值分别为 b_{1i}，b_{2i}，$\cdots$，b_{ni}（当 B_i 与 A_j 无关时，

b_{ij} 为 0），则层次 B 所包含各元素的层次总排序权重向量为

$$b_i = \sum_{j=1}^{n} b_{ij} a_j \quad (i = 1, 2, \cdots, n) \quad (4.8)$$

若 B 层次下还有 C 层次，可根据计算得到的 b_{1i}，b_{2i}，$\cdots$，b_{ni}，采用同样方法继续计算 C 层次的单排序权值，如此从高层向低层逐层计算，最终得到指标层所有元素的层次总排序，就可得到所有元素相对于总目标层的组合权重。实际上总排序就是层次单排序的加权组合。

根据层次分析法计算结果，得出了含水层破坏 12 个评价指标的权重。

4.3.5 含水层破坏风险评价模型及评价等级分级

根据 4.3.2 小节分析的风险评价方法，运用选置指数法的原理与方法，采用层次分析法建立了含水层破坏风险评价综合指数模型：

$$R = \sum_{i=1}^{3} \alpha_i B_{1i} + \sum_{j=1}^{4} \beta_j B_{2j} + \sum_{k=1}^{5} \gamma_k B_{3k} \quad (4.9)$$

式中：R 为含水层破坏风险评价的综合指数；B_{1i} 为第 i 个含水层结构破坏评价指标的评分值；α_i 为 B_{1i} 对应的权重；B_{2j} 为第 j 个含水层水位变化评价指标的评分值；β_j 为 B_{2j} 对应的权重；B_{3k} 为第 k 个含水层水质恶化评价指标的评分值；γ_k 为 B_{3k} 对应的权重。

利用含水层破坏风险评价综合指数模型进行评价时，对每个评价指标的评分方法为：指标的数据对照含水层破坏风险评价指标体系，指标属于高风险等级分值分布在（7，10]，中等风险等级分值分布在[4，7]，低风险等级分值分布在[1，4)。因此，含水层风险评价综合指数（R）随机分布在 1~10，运用等间距法，将含水层破坏风险水平划分为"强、中、弱"三个等级，见表 4.17。

表 4.17 含水层破坏风险水平

等级划分	综合指数（R）
弱	$1 \leqslant R < 4$
中	$4 \leqslant R \leqslant 7$
强	$7 < R \leqslant 10$

4.4 含水层破坏易损性评价

矿山地质环境易损性评价是风险评价的核心和难点，从成灾效应看，矿山地质环境问题对人类社会和矿区经济及生态系统的危害，与承灾体的破坏性、脆弱性和可恢

复性有关。若矿山位于城市和乡村周边，其后果还与自然和人工建造的环境质量下降密切相关。在某些矿区，易损性的提高被看作是无法控制快速发展的城市扩张和环境恶化，导致生活质量下降，毁坏自然资源、地貌景观，破坏文化遗产和文化多样性等。其中对生态系统的影响取决于生态系统的自生抵抗能力和生态系统的自我恢复能力。恢复为其他的景观、文化和人文特色的能力等，生态恢复功能更加强调生态系统的自身健康和可持续性。

煤矿含水层破坏属于渐变型的矿山地质环境问题，其对社会、经济和生态的危害与其自身的破坏性、脆弱性和可恢复性有关，当地社会经济结构和生态环境条件是易损性分析主要考虑的参数。

4.4.1 社会、经济与生态破坏性、脆弱性与可恢复性分析

易损性分析（D）：煤矿开采含水层破坏对社会、经济的破坏性主要体现在可利用地下水资源量的减少量，以及矿区居民摄入有毒有害地下水的健康问题。生态破坏性体现在含水层支持的动植物群落遭受破坏的程度。

脆弱性分析（F）：社会、经济脆弱性主要与当地产业结构和人居环境有关，若它们过高地依赖地下水，则其脆弱性高。生态脆弱性体现在生态系统自身的稳定性和对地下水的依赖性。

恢复能力分析（R）：恢复能力是对环境、生态和社会经济恢复能力或自我修复能力的分析，包括含水层自身的恢复能力，是对含水层破坏长期效应的评估。

4.4.2 社会、经济与生态易损性评价模型

综合以上分析，易损性主要表现为生态、社会和经济的损失，发生的空间并非完全在矿山之内，特别是社会影响，与矿山所在地供水结构有密切关系。易损性评估重点考虑：①当地用水结构是否来自评估含水层；②含水层破坏的水资源量；③人体健康和生态环境。

易损性表达式为

$$I = \delta D + \varepsilon F + \zeta R \qquad (4.10)$$

式中：I 为社会、经济和生态易损性综合指数；D 为易损性指标；F 为脆弱性指标；R 为恢复能力指标，上述指标又存在次级指标；δ、ε、ζ 为指标权重（表 4.18）。

表 4.18 社会、经济易损性分析

一级指标	二级指标	等级划分依据	易损性等级及分值		
			高（7，10]	中[4，7]	低[1，4)
易损性（D）	可利用资源量减少比例 D_1[①]	专家咨询	≥30%	10%~30%	≤10%
	居民接触有毒有害地下水的频率和方式 D_2	参见《中国人群暴露参数》	经口暴露，长期以污染地下水为主要饮用水源，或摄入以污染水灌溉的植物和农作物，受污染水源影响的鱼、虾、贝类及其他动物等	经口暴露，摄入以污染水灌溉的植物和农作物，受污染水源影响的鱼、虾、贝类及其他动物等	经皮肤暴露，以污染地下水洗澡和游泳等
脆弱性（F）	对目标含水层的依赖性 F_1	统计数据	目标含水层供水率≥50%	50%>目标含水层供水率>20%	目标含水层供水率≤20%
	当地用水紧张程度 F_2[②]	统计数据	人均可利用资源量与国家标准的比值≤50%	50%<人均可利用资源量与国家标准的比值<80%	人均可利用资源量与国家标准的比值≥80%
	是否存在可替代水源 F_3	专家咨询	不存在	存在但不充分	存在且较充分
恢复能力（R）	含水层自我修复能力 R_1	相关文献[③]及专家咨询	含水层系统相对封闭；主要污染物衰减率≤5%	含水层系统水循环速度较慢；15%<主要污染物衰减率<5%	含水层系统水循环较快；主要污染物衰减率≥15%
	社会经济调整或恢复能力 R_2	参见中国水利水电科学院编制的《取水用水定额标准与法律法规汇编》	重点发展需水量大的火力发电、造纸、纺织、化工等产业	发展需水量中等的食品加工、建材等产业	重点发展需水量小的金融、旅游、餐饮、教育、高新产业作为替代产业

①$d/(a+d)$，a 为某时段目标含水层的可利用资源量，d 为矿业活动造成目标含水层可利用水资源的减少量；②人均可利用水资源量与国家标准的比值，国家标准为 2 300 m³/人；③《岩溶管道系统中污染物扩散及地下水自净能力研究——贵州某磷石膏堆场为例》。破坏可能性综合指数分级：低，$1≤R≤4$；中，$4<R≤7$；高，$7<R≤10$

4.5　含水层破坏风险管理与防控

风险基本特征包括：①风险是客观存在的，但是可以采取一定措施进行预防和控制；②风险在时间、空间及影响程度上存在不确定性；③风险是伴随着人类活动而存在的，具有社会属性。正确理解风险对于加强闭坑矿山含水层破坏风险管理与制订防控措施具有重要意义。

4.5.1　含水层破坏风险管理技术流程

含水层破坏是煤矿开采及闭矿引发的主要地质灾害之一，随着我国闭坑煤矿数量的急剧增加，闭坑煤矿含水层破坏引发的风险也将越来越严重。闭坑煤矿含水层破坏风险管理的对策及相关技术流程主要包括前期调查、风险评估、风险防控等主要环节。

1. 前期调查

前期调查工作主要包括：区域和闭坑煤矿水文地质调查和地下水动力场动态监测，以及地下水水质监测。

（1）区域和闭坑煤矿含水层埋藏分布条件，含水层与隔水层性质，地下水的补、径、排条件，各含水层水力联系及边界条件等。

（2）闭坑煤矿在开采前、开采中及闭坑后的地下水动力场动态规律。

（3）区域和闭坑煤矿含水层地下水在煤矿开采前、开采中及闭坑后的水化学类型、水化学组分及污染情况调查分析。

资料搜集工作主要包括：国家与当地对闭坑煤矿环境保护工作要求的法规与文件，废弃矿井的相关资料，以及矿区所在区域的经济社会状况、水资源利用结构、产业结构及未来发展规划等。

（1）关于闭坑煤矿的地质报告、水文地质调查详细报告、水质调查与评价报告及矿井闭坑报告等。

（2）闭坑煤矿的图件及野外试验和水文地质、工程地质参数、钻孔资料、气象水文等相关资料。

2. 风险评估

风险评估包括风险识别、建立合适的风险评估指标体系、风险计算与等级划分三个环节。风险识别对象有含水层结构破坏、水位变化和水质恶化三类。在含水层破坏的风险评价中应考虑含水层结构破坏风险、水资源量减少风险和水质恶化三大影响因素；利用闭坑煤矿含水层破坏风险评价的综合指数模型进行风险评估，确定风险等级。

3. 风险防控

1）闭坑煤矿含水层破坏风险防控措施与分级管理

在煤矿环境影响评价中，增加矿井闭坑后的环境影响评价，针对闭坑后煤矿区含水层破坏的风险，明确提出风险防范管理体系及预防和应急技术措施。

建立闭坑煤矿含水层破坏风险分级管理体系，对于含水层破坏高、中风险的闭坑煤矿，应加强含水层水位、水质及地质环境问题的监测。加强后期监督管理，各级国土资源、发展改革、环境保护、安全监管等部门要采取得力措施，加强对闭坑煤矿含水层治理各环节的监督管理。

2）闭坑煤矿含水层破坏应急管理

对于闭坑煤矿含水层破坏的突发性事件，应迅速组织经验丰富的专家和工程技术人员确定含水层破坏原因、污染源头及事件的发展趋势，在此基础上采取针对性的措施。

4.5.2　含水层破坏风险防控手段

含水层破坏风险防控是综合应用经济手段、行政手段、法律手段和技术手段进行降低风险的过程，需要制订科学合理的风险控制计划。

1. 经济手段

含水层破坏风险管理的经济手段包括筹措管理矿山地质环境保护和治理资金，用于支持矿山地质环境的勘查、监测、研究、保护和治理恢复；开展矿山地质环境保护宣传，组织公众参与环境保护活动，以调动社会力量广泛参与矿山风险控制工程。

2. 行政手段

含水层破坏风险管理的行政手段主要是指各级政府部门在矿山地质环境保护与治理工程实施中行使的各项职能，主要包括以下几个方面。

（1）制订和实施矿山地质环境保护与治理规划：根据全国、矿产资源富集区和主要矿产资源基地的自然环境条件和环境保护目标，结合区域社会经济发展的总体规划，制订不同层次、不同阶段的矿山地质环境保护与治理规划，并组织社会有关方面贯彻实施，使矿山地质环境恢复治理工程有计划有目的地进行。

（2）进行矿山地质环境保护宣传教育：通过不同途径宣传矿山灾害预防、生态修复和环境保护知识，推广先进的矿山地质环境治理技术，提高全社会对矿山地质环境保护的意识，推动矿山地质环境风险控制工程的社会化。

（3）组织实施矿山地质环境风险调查、监测和风险评估工作，制订矿山地质环境长期监测的计划，并开展矿山地质环境系统演化过程的基础研究，为恢复治理工程提供科学依据。

（4）对矿山地质环境保护与治理工程进行有效监管，最大限度地减轻矿产资源开采对社会、经济和环境造成的负面影响。

3. 法律手段

利用法律、法规对矿山地质环境保护和治理进行管理，其主要作用是指导和规范矿山地质环境恢复工程，以一定的强制手段约束矿权持有人、环境恢复实施者的行为，保障矿山地质环境恢复工程的顺利进行，以实现既定的地质环境恢复目标。矿山地质环境风险管理的法律、法规是执行矿山地质环境保护规定的制度保障。

4. 技术手段

含水层破坏风险管理的技术手段包括制订与含水层保护和治理措施相适应的技术标准、规范和章程，并在矿山地质环境勘查、监测和治理恢复工作中贯彻执行，从而有效地减轻矿产资源开发对含水层造成的负面影响。

4.5.3 含水层破坏风险防控技术措施

煤层地下开采可能对含水层结构、水位和水质造成不利影响，但可以通过采取合理的技术措施达到降低风险乃至规避风险的目的。这些方法主要包括合理选择开采区域、合理选择开采方式、合理预留防水煤柱和帷幕注浆等。

1. 合理选择开采区域

对于埋藏浅且具有重要供水意义的含水层煤层的开采容易造成地下水渗漏和矿井突水。虽然矿井突水通过疏降水措施可以得到缓解，但不能避免含水层结构的破坏，因此对于这些区域的煤层应暂缓开采或在开采前彻底解决地下水渗漏问题。对于含水层中有相应隔水层的煤层，在煤层开采中根据隔水层的厚度和隔水性采取一定措施，保证含水层结构不受破坏，这些区域的煤层更容易开采利用，可以优先开采。

2. 合理选择开采方式

优先选择对覆岩破坏程度小的开采方式，如常见的充填采煤法和部分采煤法。充填采煤法，是在矿井开采结束后，在采空区填充碎石材料。碎石材料填充后可以有效承载部分覆岩压力，减轻上覆岩层裂隙发育。部分开采法，将开采区划分为多个条带，采用间隔开采的方式。未开采的条带煤层用于支持上覆岩层，减小岩层中裂隙发育，继而保持含水层结构的稳定。

3. 合理预留防水煤柱

防水煤柱，即在井下受水害威胁的地带，在采煤上下限之间保留一定的煤岩柱，确保上覆含水层的稳定性。如在松散含水层不利的条件下开采时，需要结合区域地质、水文地质及开采工艺等条件，采取留设防水煤柱的方式进行开采作业。

4. 帷幕注浆

通过一定方式将可凝固浆液通过地质探孔或注浆孔压送至目标岩层中，随后在过水断面上形成帷幕状相对隔水带。在矿山开采或闭矿过程中适当采取帷幕注浆，可以将含水层与矿体和坑道系统隔离，阻止地下水进入矿井，降低地下水污染风险。

4.6　基于矿山生命周期的含水层破坏风险管理模型

风险识别是风险管理的第一个环节，是对风险的感知和发现。根据矿山生命周期的各个阶段，分析每个阶段主要的施工工程及其对含水层破坏的影响，进行风险识别，如图 4.7 所示。

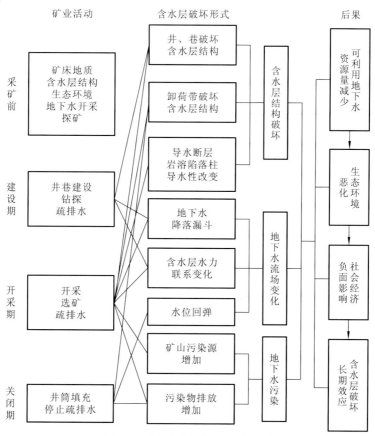

图 4.7　矿山生命周期及风险识别

风险识别之后，需要风险管理单位通过识别的结果，进行风险决策和管理，对风险进行有效控制和妥善处理，以期将损失降至最低。建立如图 4.8 所示的风险管理模型：成立专门管理机构，将风险管理单位实体化，并且制定环境保护保证金和环保税政策，对矿产开发企业进行规范管理，严格限制其对环境的扰动破坏；同时，对于矿山开发企业，在进行采矿活动之前，应该制定并提交《矿山开采方案》《环境管理计划》《矿山闭坑计划》《矿山复垦计划》等，审核通过后，授予采矿权，并要求矿山开发企业在施工开采过程中严格遵守计划内容。在矿山生命周期的各个阶段，进行巡视监管，对施工方式及质量进行把控，如果矿山开发企业未按照方案和计划，或者在施工开采时对环境有潜在的破坏，主管部门可扣押其环境保护基金，并责令其缴纳环境保护税，用于之后矿山环境的治理恢复。

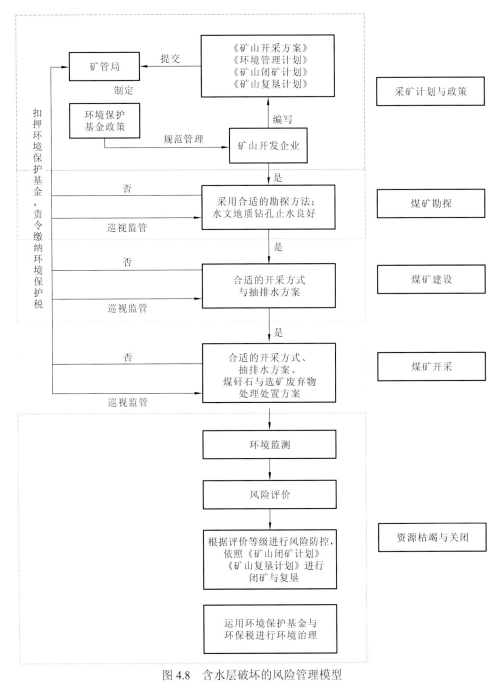

图 4.8　含水层破坏的风险管理模型

在探矿之前，矿产资源富集区的地质环境系统为自然系统，存在着水、岩、土和生态系统的自我平衡状态。受降雨、风化和河流侵蚀等外动力地质作用的影响，可能发生崩塌、滑坡等地质环境问题。

在矿山建设和开采阶段，矿业活动对地质环境的改造远远超过自然地质作用，引发了一系列地质环境问题，造成了地质环境系统结构的破坏。除此之外，矿业活动对矿区的社会经济具有重要影响，这种影响主要体现在正反两个方面：正面的积极作用通过矿业对地方经济的带动作用来呈现，如我国许多资源型城市的形成和发展均与矿产资源有关；反面而言，矿产资源开发引发了大量的地质环境问题及矿农纠纷等社会问题。

矿山关闭之后，矿山地质环境问题并未停止发展，矿业活动形成的各种地质环境问题将持续数年或数十年。但矿山关闭后地质环境发生改变时，还会形成新的地质环境问题。矿山关闭后引发的社会问题也较为突出，特别是一些大型矿山或资源枯竭型城市，面临着矿工失业、矿业经济消亡和环境负债等问题。因此，对于关闭矿山需要特别注意地质环境问题的长期作用效应和社会问题。

第 5 章 煤炭矿山含水层破坏防治技术方法

煤炭矿山含水层破坏防控是矿山地质环境规划和恢复治理设计的重点内容，其目标是对含水层破坏开展分类型、分阶段的综合整治，以避免、减弱或消除含水层破坏带来的负面影响，恢复矿区土地及生态资源，改善矿区环境。煤炭矿山含水层破坏防治主要涉及对地面塌陷、煤层顶板、底板突涌水及矿区地下水污染进行防控治理，以及地质环境监测等内容。在选择治理技术时应尽量选择经济且可有效治理含水层破坏的实用技术。最终治理后的景观应与周边环境和谐，并且发挥矿区土地的经济效益。

5.1 含水层岩体结构破坏防控与治理

5.1.1 地面沉陷防控与治理

沉陷破坏的防治技术途径可以从两方面考虑：①对开采沉陷的控制，即通过合理选择采矿方法和工艺，合理布置开采工作面，采取井下充填法、覆岩离层带空间充填等措施，来减少地表下沉，控制地表下沉速度和范围，达到保护地表和地面建（构）筑物与耕地的目的；②开采沉陷破坏的恢复和整治，运用土地复垦技术和建筑物抗采动变形技术，对开采沉陷破坏的土地进行整治和利用。

1. 防控措施

1）全部充填开采

在煤炭采出后顶板尚未冒落之前，用固体材料对采空区进行密实充填，以减少地表的下沉和变形，达到保护地面建（构）筑物或耕地的目的。充填采矿法是国内外应用最广泛的防止土地破坏的技术方法，其具有安全性高、回采率高、对地表生态环境破坏较小等一系列不可替代的优点，主要包括干式充填法、水砂充填法、胶结充填法等。充填采矿法需要专门的充填设备和设施，还需要有充足的充填材料。

I. 干式充填法

干式充填法用矿车、风力或其他机械输送干充填料（如废石、砂石等）充填采空区，也是充填采矿技术最早采用的方法，在苏联及日本、澳大利亚曾广泛采用。20 世纪 50 年代，我国有色金属矿山 50%以上使用干式充填法，用此法采出的矿石占总矿石量的 1/3 之多。采用此法应注意以下几个问题。

为了使充填工作能延续进行，应有充分的充填料和储存场地，充填料不能有太高的含硫量和放射性物质，含泥量也不宜超过 15%。

充填料井的位置应选择在便于运输和稳固的地层中。井口应加固并装上格筛，使填料尺寸不至于过大。井口下部宜装有闸门，以延续放料。

充填时宜有序分层装填，层间可视情况铺垫人工织物或荆巴、柴棍类填充物，以增加填料稳定性。

Ⅱ. 水砂充填法

水砂充填法是利用砂浆泵或自流方式，将选厂尾砂、冶炼场炉渣、碎石砂石等固液两相浆体输送到井下，作为充填料来充填采空区。1864 年在美国宾夕法尼亚的一个煤矿区进行了第一次水砂充填试验，随后南非、德国、澳大利亚等国家也先后试验并成功运用了水砂充填工艺。进入 20 世纪后，美国和加拿大开发了基于采用选厂分级尾砂进行水砂充填的充填工艺，在悬浮液输送固体物料、水力旋流器脱泥等方面取得了进步，实现了低浓度（35%～70%）泵压或自流输送的水力充填采矿。我国的水砂充填工艺从 20 世纪 60 年代开始采用，1965 年首次采用了尾砂水力充填采空区工艺，有效地减缓了地面下沉，取得了较好的效果；70 年代一些矿山都先后成功应用了尾砂水力充填工艺；进入 80 年代后，分级尾砂充填工艺与技术应用更加广泛，有 60 余座有色、黑色和黄金矿山都推广应用了该项工艺技术。

采用此法时应充分考虑围岩矿体的稳固性、地表沉陷的可能性及回采巷道的尺寸。为提高水砂充填的工艺效果应注意以下几点。

（1）尽量采用混料硐室制备砂浆，使混料工艺达到机械化、自动化，以提高水砂比，增强充填体强度。根据国外经验采用混料硐室制浆，使水砂比由原来的 3∶1～5∶1 降到 1.5∶1～1∶1，浆体浓度达 60%以上。

（2）使充填料输送自动化，以提高水砂充填的速度。水砂充填一般要求构筑专门的护壁和隔墙，但是我国水砂充填多数采用敞开式混料沟方式混料，造成水砂比过大，混料不匀，质量难以控制。加上水砂充填工艺较为复杂（需砌筑溜矿井和人行滤水井，构筑混凝土隔墙，铺设混凝土底板等），从采场渗出的泥水污染巷道、水沟和水仓，清理工作量大、排水费用高、充填量小，对回采的安全问题和充填体压缩沉降均未很好解决。因此，充填体强度一般不高，不能从根本上阻止岩石移动，使其应用范围受到很大限制，发展胶结充填成为必然趋势。

Ⅲ. 胶结充填法

胶结充填法一般采用以碎石、河砂、尾砂或戈壁集料为骨料（间或掺入块石），与水泥或石灰类胶结材料经拌合形成浆体或膏体，以管道泵送或重力自流方式输送到充填区充填。与水砂充填相比，胶结充填的充填料强度大、充填速度快、充填量大、工艺简单。随着材料科学的发展，目前胶结材料的类型和品种多样，加上掺合料的多样化，使胶体、浆体或膏体的成分愈加复杂和多样，再加上浆体泵送工艺的发展，使胶结充填出现了空前的繁荣局面。20 世纪 60～70 年代，中国开始开发和应用尾砂胶结充填技术。这一时期的胶结充填均为传统的混凝土充填，即完全按建筑混凝土的要求和工艺制备和输送胶结充填料，这种传统的粗骨料胶结充填输送工艺复杂，对物料的级配要求较高，因而一直未获得大规模推广使用,到 20 世纪 70～80 年代,几乎被细砂胶结充填完全取代。细砂胶结充填以尾砂、天然砂等材料作为充填骨料,以水泥为主要胶结剂,集料与胶结剂通过搅拌制备成料浆后,以两相流管道输送方式输入采场进行充填。因而细砂胶结充填兼有胶结强度大和适于管道水力输送的特点。尾砂胶结充填虽然具有较高的生产能力和良好的管道输送特性,但使用大量的水泥作为胶结剂,充填成本增加,而且受自流管道输送浓度限制,普通的尾砂胶结充填质量浓度不高(一般 70%以下),充入采场后,大量的水分必须通过滤水设施排出,不仅增加了排水费用、污染了井下环境,而且降低了充填体强度。

2)条带开采

根据煤层和上覆岩层组合条件,按一定的采留比,在被开采的煤层中采出一条,保留一条。由于条带开采仅是部分采出地下煤炭资源,保留了一部分煤炭以煤柱形式支撑上覆岩层,从而减少了覆岩移动,控制了地表的移动和变形,实现了对地面建(构)筑物的保护。但该方法采出率低、巷道掘进多、工作面效率低。

3)覆岩离层带充填

根据采空区上方覆岩移动形成的岩移特性,在煤炭采出后一定时间间隔内,用钻孔往离层带空间高压注浆、充填,加固离层带空间,将采动的砌体梁结构加固为稳定性较好的连续梁结构,使离层带的下沉空间不再向地表传递,以减少或减缓地表下沉,保护地面建(构)筑物或耕地。

4)限厚开采

根据矿区地形、水文地质条件和建(构)筑物抗变形能力,以不产生地表积水和满足建筑物所要求的保护等级为依据,确定可开采的煤层厚度。开采仅回采这一厚度的煤,其余各煤层均不开采,以达到减少下沉保护地面建(构)筑物及耕地的目的。但该技术采出率低,仅在薄煤层中有一定的使用价值。

5)协调开采

厚煤层分层开采时,合理设计各工作面的开采间距、相互位置与开采顺序,使开采一个煤层(工作面)所产生的地表变形和开采另一个煤层(工作面)所产生的地表变形相互抵消或部分抵消,以减少采动引起的地表变形,保护地面建(构)筑物。该技术要保持一定的错距,因此组织生产难度较大。目前我国尚未开展这种工业性试验。

6)"采—注—采"三步法开采

充分利用覆岩结构对岩层移动的控制作用,应用荷载置换的原理,进行小条带开采—注浆充填固结采空区—剩余条带开采的三步法,有效地对岩层移动和地表沉陷进行控制,解决了大面积开采地表沉陷控制,提高了煤炭的回采率,保护了地面建(构)筑物,但也存在工艺复杂、成本较高等缺点。

2. 治理措施

德国和捷克等一些国家,对地下采煤塌陷区的恢复具有成功的经验,如德国科隆矿区的风景景观恢复，捷克煤矿塌陷区兴建养鱼场、游泳场、牧马场、体育场、赛车场、狩猎场及水上公园和森林公园等。在我国，采煤塌陷区的土地复垦也有一些成功的经验，如唐山开滦煤矿在治理采煤塌陷区时，采用"移山填海"的综合开发模式，将塌陷区建设为城市生态公园；利用已有的大量煤矸石和其他工业废渣"移山"，就近填充积水坑、塌陷坑和塌陷洼地"填海"，进行复田、复地、复林；然后根据矿区和城市环境与社会经济发展需要，发展种植业、养殖业，以及开辟新的建筑场地、营造公园、游泳池、体育场等文化娱乐场所。

在采煤塌陷区土地利用模式方面，安徽两淮矿区根据矿区地质环境背景的不同，遵循"宜园则园、宜水则水、宜林则林、宜地则地"的总体原则，采用地质环境多元综合治理的技术方法，因地制宜地进行治理。总结了 6 种常用的塌陷区治理模式，即浅塌陷区造地种植模式、深塌陷区水产养殖模式、煤矸石充填塌陷坑造地基建模式、深浅交错尚未稳定塌陷区养殖与种植结合模式、煤矸石与粉煤灰充填覆土营造生态林模式、大水面塌陷区兴建水上娱乐场。

1）浅度塌陷区治理措施

浅度塌陷区是指煤层厚度在 3 m 以下，采空后地面塌陷在 2 m 以内的塌陷区。地貌破坏特征主要表现为地形稍倾斜，流经水系、道路、农田排灌设施等发生局部破坏，地表无或存在少量季节性积水。该区域一般处于塌陷中心外围，面积大、范围广，在我国人多地少的现实条件下，综合运用挖深垫浅、削高填洼、疏排积水等工程措施及改良土壤的生物措施进行土地复垦是当前最为适宜且广泛应用的治理方法，具体措施如下。

I. 削高填洼

疏排局域塌陷地的季节性积水，剥离表层土，然后将高凸地势处的土体铲运到地形低凹处，缺口土方量可取用煤矸石或区内其他固体废弃物，整平后再用剥离的表土加以覆盖，最大限度地维持原土壤肥力。

II. 修缮农田基础设施

对农田水利排灌设施、田间道路、桥涵等加以修复，或者根据复垦格局的调整来重新配套相关设施，保障现代农业生产的需要。

III. 土壤改良与修复

塌陷区内土地广泛发育地裂缝，土体结构松散，营养物质流失严重，平整后生产力有较大程度的下降。在复垦土地上种植粮食或蔬菜、水果等需施肥熟化，若对土壤活性有更高的要求则需引进生物技术进行改良。

我国人均占有耕地不足世界人均占有耕地的 1/4，依照"宜农则农"的原则将破坏的土地恢复成耕地或种植蔬菜、水果等高价田是补充耕地的重要途径，也是我国土地复垦的基本政策。此外，在变形破坏较小的浅度塌陷区复垦土地，工程技术较为简单，治理经验丰富，在改善矿区生态环境的同时，也可缓解人地矛盾、促进安定团结，如永城陈四楼塌陷治理区，以农田复垦为核心，取得了较好的综合治理效益，也得到了较高的群众认同度。

2）中度塌陷区治理措施

中度塌陷区是指煤层厚度在 3～5 m，地面沉降介于 2～4 m 的采煤塌陷区。地貌破坏特征主要表现为落差较大的斜坡地或波状地面，面积较大的季节性积水区并伴有小规模常年积水区，农田基础设施、田间道路、建筑物等地物破坏严重。该区域宜采用渔粮禽等结合的综合农业形式进行治理，以工程措施为主，结合适当的生物措施，进行合理的空间配置，以实现最大限度的治理效果和水土资源的有效利用。主要措施如下。

I. 斜坡地复垦

对积水区周边的陡坡、斜坡地划方整平，恢复成耕地，建设中低产田或高价值经济田（种植大棚蔬菜、瓜果等），或栽植坡地水保林防范水土流失，具体工程措施与浅度塌陷区的土地复垦相同。

II. 建设鱼塘

应用挖深垫浅技术将塌陷较深的积水区深入挖掘，形成"挖深区"，用来建设鱼塘发展水产养殖，同时将取出的土体充填到水上地形低洼区。

III. 畜禽养殖及加工

在进行渔业养殖的同时，发展畜禽养殖及加工业，形成一个以食物链为纽带的综合养殖基地，创建农-林-渔-禽-畜生态立体农业园区，以提高复垦的经济效益和土地利用效率。

综上，中度塌陷区以积水为限制条件，采取坡地复垦与积水区渔业养殖的综合开发性治理模式。为了提升经济效益，可适当降低农作物复垦规模，增建畜禽养殖区，形成以食物链为纽带的生态农业园，如唐山古冶治理区。

3）深度塌陷区治理措施

深度塌陷区是指煤层厚度在 5 m 以上，采空后地面沉降在 4 m 以上的塌陷区。地貌破坏特征主要表现为落差较大的陡坡和大面积的常年积水塌陷坑，生态环境与地面设施遭到极大破坏。

I. 大水面综合利用

利用围堰分割法分割大面积塌陷积水区，采用矸石回填筑埝，将大面积水域分割成若干小水面，以便鱼类、水禽的放养与捕捞及水域多种形式的综合利用，如培植水生植物、利用网箱养鱼、建立水禽（鸭、鹅等）基地等，同时配套建设排灌设施及交通道路。该治理模式的实质是中度塌陷区生态养殖模式的扩大形式。

II. 建设湿地公园

随着社会环保意识的增强和人民生活水平的提高，地质环境治理被赋予生态恢复、环境改善、文化重建和经济发展的多重期望与重任。在消除各种灾害和安全隐患的基础上，结合人文地理特征，引入园林造景工艺因地制宜地建设湿地公园，近年来多见于深度塌陷积水区。湿地公园以重建、开发湿地湖泊景观及水生植物为主，可供游览、娱乐及休闲，具备一定的研究价值和教育功能，经济效益较为突出。同时，利用湿地水体中微生物和植物降解、吸收、截留水体中的污染物来实现污水的高效净化，是生物修复污水的重要技术之一，也增加了矿区疏排水及周边部分生活、生产废水的净化途径。

5.1.2 矿坑突涌水防控与治理

在煤矿开采过程中，根据水文地质条件进行分区分带，隔离开采，进行水文地质预报。在采掘中遇断层和老空区时"有疑必探，先探后掘，疏堵结合，分类防治"，提前疏干降压或预先封堵导水通道，加设挡水墙。对于未探清地质情况的工作面不予采掘。通过留设防水煤柱、巷道预注浆切断补给通道，可防突水。巷道穿越断层时要加强支护，对井田断层交叉点等构造发育地段需重点加固，以防滞后突水。当遇到裂隙密集带、两组或两组以上断裂和裂隙交叉部位，最好回避开采，以防突水。查清矿区地表陷坑，封堵洞穴口，回填洼坑，疏导积水，以防地表水流经洼坑流入矿井，预防突水。顶板砂岩水应以疏排为主，地表水、底板灰岩水应以防为主。建立矿井完整的防水系统，防治矿坑突水。

含水层结构保护的关键是岩层控制，即控制采煤产生的导水裂隙带不与含水层导通，从而达到防控矿坑突水的目的。所采取的防控措施如下。

1. 留设防水煤（岩）柱

留设防水煤（岩）柱是指当进行煤炭开采作业时，如果周围存在导水断层、含水层等，为了避免突水，通常会保留一定体积的煤层或岩层，不对其进行开采，这部分煤层或岩层即为防水煤（岩）柱。其留设原则主要考虑：

（1）当煤矿疏排水不便或成本较大时，可以留设；

（2）防水煤（岩）柱只能一次性使用，且体积要尽可能小，从而减少资源浪费；

（3）防水煤（岩）柱要与采煤方法等人为因素及地质条件等自然因素相适应；

（4）防水煤（岩）柱的具体参数应在煤矿开采前提前确定，要与煤矿开采方式及整个巷道的布置相协调，并对整个矿区的防水煤（岩）柱进行统一规划设计，避免后续开采过程中因为设计不合理导致二次施工，增加成本。

2. 高压注浆加固改造煤层底板

通过高压注浆加固改造煤层底板，提高煤层底板抗阻水能力，是保证矿井安全生产，防止底板突水的有效措施。煤层底板含水层注浆改造首先要查明煤层底板的一系列导水构造，进而注浆封堵导水裂隙通道，从传导途径上解决突水问题。用不同的浆液材料充填含水层，使得对煤层开采有威胁的含水层变成弱隔水层，从而增大有效隔水层厚度及煤层底板抗压强度；切断深部含水层与开采煤层或巷道之间的联系通道，减少矿井涌水量，达到安全生产和绿色开采的目的。煤层底板含水层注浆改造方案设计原则如下：

（1）钻孔在平面上呈放射状展布，钻孔设计应尽量采用长短结合的原则；

（2）在空间上钻孔形成立体交叉的原则；

（3）在构造发育带钻孔应尽量采用构造走向斜交的原则，确保多揭露构造多注浆充填裂隙；

（4）在正常区和异常区布置钻孔应采用疏密结合的原则；

（5）在采矿动压应力集中区，特别是在切眼处加固。

3. 注浆加固小断层和隔水底板

矿井涌水量及突水危险性有随开采深度的加深而增大的趋势，应在供排结合、疏排降压、减少矿井涌水量、降低突水危险性的基础上，注浆加固小断层和隔水底板，加强矿井下涌突水点的封堵，配合开采疏水降压，使采排总量控制既能保障煤矿安全开采，又能达到保护地下水资源的目的。为此应加强矿井水文地质勘查力度，优化矿井开采方案及开掘工作面布置，留足防隔水煤柱，提前注浆加固小断层和薄弱的煤层底板，控制矿井涌水量，防治矿井突水。

5.2 地下水资源的合理利用

长期以来我国煤矿防治水害工作主要从煤矿安全生产方面出发，较少考虑地下水资源保护问题。根据矿区水文地质条件，结合煤矿开采不同时期、不同开采布局对地下水资源的影响，合理布排生产矿井，综合考虑矿井生产与地下水资源保护利用是科学绿色采煤的基础。国家针对我国赋煤区煤炭资源、水资源分布特征及结构类型，提出煤矿区水资源保护、科学利用和合理配置的战略路径。有关学者提出"煤-水"双资源型煤矿开采技术（表5.1），以矿井开采煤层的具体充水水文地质条件为基础，选取适合的开采方法和参数工艺优化结合，矿井下洁、污水分流分排，从而实现煤炭资源安全绿色开采、矿区水资源供给、生态环境环保之间的协调发展。针对不同地质条件的矿井，采用不同的模式进行开采。

表 5.1 "煤-水"双资源型煤矿开采技术

矿井特点	模式	工艺技术	优点
可疏性好	矿井排水、供水、生态环保"三位一体"优化结合模式	矿井疏排水，再经过分级矿井废水资源化处理，最后作为矿区供水水源应用于矿区用水	保证地下水压降到安全开采条件的同时，为矿区提供了一定的水量，还不影响水环境质量
可疏性差	地下水控制、利用、生态环保"三位一体"优化结合模式	主要是最大限度地控制补给地下水水源，减少矿井涌水量，并对有限的矿井水资源化处理后加以利用	对矿井水有效控制和利用，避免地下水位下降及水资源的浪费
适宜回灌	矿井水控制、处理、利用、回灌、生态环保的"五位一体"优化结合模式	在矿井地下水控制、利用、生态环保"三位一体"模式基础上，将资源化处理后剩余的矿井水回灌到具有一定厚度和透水性的不影响煤层安全开采的含水层	可以有效减少地下水水位下降

　　长期直接疏排矿井水，综合利用率较低是我国煤矿开采地下水资源浪费的主要原因之一。而合理开发利用矿井疏排水对区域水资源利用、水环境保护、供需矛盾的缓解都具有十分重要的意义。不同类型的矿井水，其特点与处理方法也不尽相同（表 5.2）。

表 5.2　不同类型矿井水的特点与处理方法

矿井水类型	特点	成分	处理方法
悬浮型	一般为中性，矿化度小于 1 000 mg/L，金属离子微量或未检出，基本上不含有毒有害离子	粒径极细小的煤粉和岩尘	一般采用混凝、沉淀（或浮升）及过滤、消毒等工序处理
高矿化度	一般指微咸水（矿化度 1~3 g/L）和咸水（矿化度 3~10 g/L）	各种阴阳离子	除包括混凝、沉淀等，关键工序是脱盐，降低矿井水含盐量，主要方法有化学法、热力学法和膜分离法
酸性	pH 小于 6 的矿井水	硫酸，由于采煤活动将原生的还原环境变为氧化环境，与煤共伴生的硫铁矿发生氧化形成	石灰乳中和法、滚筒式中和滤池、变速升流式膨胀中和滤池

　　对于选矿业、采掘业和工业冷却用水等水质要求较低的行业，可考虑采取强制措施，在这些行业率先采用矿井疏干水和废水，提高这部分水的重复利用率，置换部分地下水开采量，既可防止矿井水直接排放污染水土环境，又可减少地下水开采量，达到综合保护利用地下水资源的目的。

5.3　地下水污染防控与治理

　　地下水污染防控与治理首先需要提出地下水污染风险管理对策和方案，主要进行主动修复、工程控制及制度控制等。而地下水污染修复治理过程包括：确定污染性质和程度、人类健康和环境风险评价、风险管理和修复办法、与利益相关者达成协议、实施修复行动、运行、监控和维护。

　　国内外众多学者对地下水修复技术进行研究，主要可以分为异位修复技术、原位修复技术与自然衰减法等［表 5.3（赵勇胜，2012）］。

表 5.3　地下水修复技术分类及特征

类型	定义	分类	主要方式	优点	缺点
异位修复技术	将污染地下水抽出至地表再进行处理的技术	异位生物修复技术	生物反应器/生物堆、人工湿地、土地处理	适用范围广,修复周期短,适用于污染范围大及污染晕埋藏深的污染区域	地下水的抽提或回灌对修复区的干扰大,可能会出现反弹现象,运行成本高
		异位物理/化学修复技术	两相抽提技术、抽取-处理修复技术、焚烧/裂解/热解吸等		
原位修复技术	在基本不破坏土体和地下水自然环境的条件下,对受污染对象不搬运或运输,而在原地进行修复的技术	原位生物修复技术	强化生物降解、植物修复、生物空气扰动、生物通风、生物可渗透反应墙	处理费用低,同时可以减少地表扰动,减少地表处理设施的使用,最大限度地减少污染物的暴露	二次污染,介质更换,修复周期过长,场地限制因素较多
		原位物理/化学修复技术	可渗透反应墙、地下水曝气技术、土壤气相抽提、循环井、原位冲洗等		
自然衰减法	依靠自然界的作用去除污染物的过程,包括吸附、挥发、稀释、弥散等对污染物的非破坏性过程和生物降解、化学降解等破坏性过程	监测/强化自然衰减技术	提高自然衰减效率,可以向地下环境注入营养物质或添加电子受体	适用于污染程度低的场地,一般不会产生次生污染物,对生态环境的干扰小,工程设施简单,成本低	污染物去除的时间较长,在风险较大的敏感场地不能单独使用

5.3.1　异位修复技术

　　异位修复技术中抽出-处理技术应用最为广泛,它是指在地下水污染区域规划合适的位置,安装抽水井,抽出污染水,在地表进行处理后回注到地下或者排向地表水(图5.1)。其原理是不断地抽出污染水,使污染羽的范围和污染程度逐渐缩小,并使含水层介质中的污染物不断向水中转化从而被抽取而得到清除。抽出处理技术的适用范围广,在地下水污染处理的早期见效快,周期短,效率高,无二次污染,是处理污染范围大、污染羽埋藏深的污染场地的主要方法。

　　抽出-处理技术通过在地下水位上形成降落漏斗,使污染物流向水井,从而去除流入水井的污染物。地下水位形成降落漏斗主要与抽出系统类型有关,可根据实际修复场地水文地质情况,设置抽出系统,系统类型可设置单泵系统、双井双泵系统及单井双泵系统来达到要求。地下水抽出后的处理方法可根据污染物类型和处理费用来选用,大致分为三类。

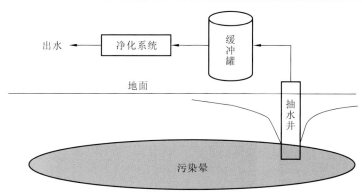

图 5.1　抽出-处理技术修复模型

（1）物理法：如吸附法、重力分离法、过滤法、膜处理法、吹脱法等；

（2）化学法：如混凝法、氧化还原法、离子交换法及中和沉淀法等；

（3）生物接触氧化法、生物滤池法等。

抽出-处理技术的缺点如下：

（1）修复效果受诸多因素限制，如场地岩性、污染物形式、含水层厚度、抽水量、抽水方式、井布局、井间距、井数量等；

（2）随着抽取的进行，处理效率呈下降趋势，其原因是污染物从含水层固相介质向水中的转化速率会越来越小，出现"拖尾"效应（存在一定的污染物无法被抽取），停止抽水后，又会发生"反弹"效应（水中的污染物会向含水层固相介质中转化）；

（3）达到修复目标所需的修复时间较长。

因此，该方法常与其他地下水污染处理技术联用来达到修复目的。

5.3.2　原位修复技术

原位修复技术中较成熟的包括地下水曝气技术（air sparging，AS），可渗透反应墙（permeable reactive barrier，PRB）修复技术和原位生物修复（in situ bioremediation）技术等。

1. 地下水曝气技术

地下水曝气技术的原理是通过将气体注入污染区地下水位以下，然后通过气泡在水中上升将污染物分离至气相中。含有污染物的空气到达非饱和带后，通过上面的土壤气相抽提（soil vapor extraction，SVE）系统把土壤中的空气和污染物抽出，抽出的污染物再用回收系统处理（图 5.2）。

地下水曝气技术的优点主要有成本低、处理有机物的范围广、不破坏土壤结构、不引起二次污染、修复期短等；该技术的局限性是治理效果受污染场地面积、土壤渗透性与结构、土壤分层情况与污染区水文地质条件的影响较大，因此不适合在低渗透率或高黏土含量的地区使用，此外该技术还要求有一定的含水层厚度。

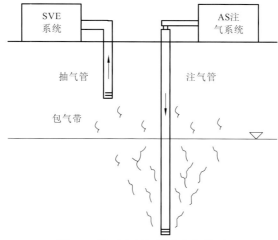

图 5.2 地下水曝气技术修复模型

2. 可渗透反应墙技术

可渗透反应墙是一种被动修复技术，也被称作渗透反应格栅。其原理是将装有活性材料的墙体垂直置入污染源体下游的含水层，通过安置连续或非连续的渗透性反应墙在流经途径拦截地下水污染羽，使污染地下水流经高渗透性的反应区。当地下水流通过反应墙时，反应介质可以通过吸附、沉淀、氧化-还原、生物降解等作用，使污染物被固定、转化、降解，使流过的地下水中的污染物含量达到环境标准目标，从而阻止污染羽向下游进一步扩散。

可渗透反应墙技术具有时效长、运行维护费用低等优点，其缺点主要有墙内介质堵塞、介质难以更换等问题。因此可渗透反应墙技术适用于对石油类挥发性较强的有机污染物的处理。具体主要分为吸附反应墙和生物降解反应墙，其机理分别为通过介质吸附和微生物降解进行处理，目前生物降解反应墙的实际应用尚不成熟，地下水温度低、营养缺乏、反应介质堵塞等均会影响降解菌和生物降解反应墙的作用稳定性，导致生物修复效率低。因此，如何有效提高生物活性，防止填充介质堵塞仍是生物降解反应墙需要解决的问题。目前在实际应用中更多使用的是吸附反应墙技术。

3. 原位生物修复技术

近年来，地下水污染生物修复措施中原位生物修复技术应用最为广泛。原位生物修复技术是利用微生物的代谢作用将土壤和地下水中的石油类污染物降解吸附的生物工程技术，主要包括自然生物修复技术、强化生物修复技术和人工生物强化修复技术。

土著微生物是指在污染区遭受污染后适应环境而生存下来的菌种，目前大多数原位生物修复都是使用土著微生物。外来微生物即指由人工培养的从外界引入的微生物。通常需要从外界引入外来微生物，原因是土著微生物生长速度缓慢，代谢活性低，或者是污染造成土著微生物数量大幅度降低，需要添加外来高效菌种。因此外来微生物的投入量必须足够多，成为污染区地下水环境的优势菌种，才能迅速降解污染物。基因工程菌是指通过基因移植将多种污染物的降解基因转移到单种微生物细胞中，使这种微生物有广域降解能力。

自然生物修复技术是在没有人为干扰的条件下，污染区自有的微生物利用污染地下水中有机物作为碳源和能源，用地下水中的 O_2、NO_3^-、SO_4^{2-}、Fe^{3+}、CO_2 等作为电子受体，通过微生物降解去除有机污染。自然生物修复技术常作为传统的地下水抽出-处理技术的补充手段，对"拖尾"效应和"反弹"效应进行收尾。

强化生物修复技术又称生物刺激，主要包括投加营养盐法、投菌法、地下水曝气法、投加释氧剂法等，利用石油污染地下水中的 C 源等促进地下水中微生物的生长繁殖，Fe^{3+}、SO_4^{2-}、NO_3^- 作为重要的电子供体，投加到地下水中可以促进微生物降解作用的发生。生物曝气技术利用空气注入井向饱和带引入空气（或氧化流），将氧化剂和养分输送至非均质地下水流系统，从而强化生物降解来消除污染物。

人工生物强化修复技术，是指把经过筛选和培养的微生物引入地下环境，以增强对特定有机污染物的降解。该技术还可通过直接投入外来微生物或基因工程菌来达到效果。

原位生物修复技术具有经济、高效、环境影响小等优点，被广泛应用于石油类污染场地的修复治理。但是此技术不仅不能降解所有的有机污染物，当介质渗透性太低时，微生物可能会堵塞介质，降解不完全及营养物质可能会造成更严重的二次污染，有机物浓度、温度和 pH 等环境因素都可能会影响生物修复技术的运行效果。总的来说，原位生物修复技术相比其他技术而言，技术手段尚不成熟，不稳定性更高。

5.4　含水层破坏监测技术与方法

5.4.1　监测工程目标及原则

1. 监测工程目标

通过在矿区内布设科学合理的监测网，掌握采空区地面变形、地下水流场和含水层水质，预测地面塌陷和地下水资源量评价及水质污染等矿山含水层破坏的发生和演化，并确定矿山地质环境治理工程的实施效果，进一步指导矿山含水层破坏治理工程。

2. 监测原则

矿山地质环境监测工程在设计及施工过程中应遵循以下原则。

（1）突出"以人为本"思想，统筹兼顾、突出重点的原则，优先监测对当地居民有重大隐患的矿山地质灾害隐患点和水体严重污染区域。

（2）整体性原则：监测工程必须坚持整体性原则，打破单体矿区分割监测的状态，从总体分布的角度部署各项监测措施，保证监测的完整性和科学性。

（3）可操作性原则：监测工程应该以治理目标为指导，监测方案及监测设备必须遵循实用、技术可行、可操作性强的原则，充分利用相对成熟的技术和方法，使得整治工程设计措施具有较强的操作性，便于实际施工。

（4）分期、分区监测原则：根据含水层破坏严重程度，同时考虑治理资金等问题。监测工程布置要结合各个矿区环境条件的特点，分轻重缓急，采取分期、分区治理的模式，以提高治理工程的有效性和经济性。

5.4.2　遥感监测

1. 方法介绍

遥感技术是根据电磁波的理论，通过遥感影像信息，进行收集、处理、提取和应用有关对象信息的一种高效的信息采集手段，具有极高的时空分辨率。并且通过两个不同时间的遥感影像叠加对照，能够快速地获取动态变化信息。遥感具有以下几方面的优点。

1）同步观测性

利用传统的地面调查，要得到大面积同步数据是非常困难的，并且工作量很大。而利用遥感则可以通过大面积的同步观测得到同步信息，并且不受地形影响。

2）快速时效性

通过遥感监测，可以在较短的周期内对同一区域进行多次监测。

3）数据可比性

遥感技术的探测波段、成像方式、成像时间、数据记录等均可按要求设计，数据具有相似性或同一性，可比性较强。

4）经济性

与传统方法相比，相同的费用投入下，遥感技术可以获得更高的效益，同时大大地节省人力、物力、财力。

2. 遥感技术在煤矿区监测中的应用

长时间的煤矿开采，对矿区土地及生态环境造成严重的破坏。煤矿建设之初、运输煤炭时平整道路及地下大面积采空造成的地表塌陷、裂缝等都会造成矿区原生植被及山体景观和区域环境的破坏，甚至在闭矿以后，矿区物质如岩体、煤体、水及气体与环境相互作用、相互影响，发生物理反应、化学反应、生物反应等，也会使矿区物质物理性质、力学性质、工程地质性质发生根本的变化，有可能造成潜在灾害。本小节主要介绍中等分辨率的 TM 卫星、中巴卫星，较高分辨率的 SPOT-5，以及更高分辨率的 IKONOS 等在矿区土地复垦监测中的应用。

1）地形地貌信息

在地形地貌信息的获取过程中可以利用中等分辨率数据（TM 卫星数据、中巴卫星数据等），在监测区域开展调查和监测矿区的地形地貌信息。

2）土地利用状况

对土地利用状况的监测可以用较高分辨率的 SPOT-5 影像监测土地利用类型、数量和分布。SPOT-5 卫星拥有三种传感器，SPOT-5 全色影像地面分辨率为 2.5 m，而多光谱影像虽具有丰富的色彩信息，但地面分辨率仅 10 m。一般情况下用 SPOT-5 即可及时快速地对土地利用状况进行监测。

3）植被状况

IKONOS 的分辨率比 SPOT-5 更高，可以达到 1 m，因此在对植被的种类组成、郁闭度、覆盖度和覆盖率进行监测时，可以选择时相较好的 IKONOS 数据进行监测。

4）地面塌陷

对地面塌陷状况中裂缝的宽度和条数进行监测，从而得出裂缝密度；塌陷坑直径都可以通过遥感技术来进行分析。对于土地塌陷的监测，可以根据监测要求，选择 SPOT-5 或者 IKONOS 进行监测。但是对于地表变形来讲，仅利用遥感数据很难全面获得。

3. 技术过程

1）遥感数据选择

I. 分辨率的不同

不同监测指标要求监测数据的精度不同。一般大范围的监测利用中等分辨率遥感数据；而局部重点范围的调查则选用分辨率较高的遥感数据。因此在监测过程中可以首先采用中等分辨率遥感数据判断需要重点监测的区域，而后用高分辨率遥感数据进行调查。

II. 时相的不同

由于遥感数据的精确度会受到天气的影响，同时也为在数据处理时更容易分辨出不同波段数据，时相的选择也很重要。尤其对于北方地区来讲，如果要利用遥感监测地表植被种类时，则应该选择一年中地表类型差异最明显的时节的数据作为信息源。因为该时间段具有植被发育好、地表信息丰富的特点，有利于对植被因子的识别。

2）遥感数据预处理

遥感数据预处理是指将不同遥感数据波段进行彩色合成，通过辐射校正、几何校正和投影差改正等方法使不同数据源的遥感影像数据融合等，得出较高质量的彩色影像。

3）解译标志的建立

结合实地调查等成果，建立遥感数据的不同解译标志。

4）信息提取方法

信息提取应用多光谱遥感数据，采取计算机自动分类和目视解译相结合的方法，同时可以依靠 GIS 平台、人机交互式解译，将影像调入 GIS 平台下，根据建立的解译标志，对各种复垦类型进行解译，形成矢量文件。

5）监测数据的获取

解译后的矢量文件，进行修改编辑，形成最后的监测数据文件。

5.4.3 样地（监测点）监测

对于利用遥感技术较难获取的信息，可以通过设置样地（监测点），对样地（监测点）调查，从而实现对整个矿区某些指标的监测。

1. 采空区地面塌陷监测

对已经进入不稳定状态的潜在地面塌陷区和塌陷治理区进行垂向、水平塌陷变形和宏观拉裂变形的监测，可分析预测塌陷区的稳定性，指导防灾预警工作，为后期各项治理和建设工作提供可靠依据。根据监测矿区的煤层产状和巷道分布情况，将监测网（剖面）布设成网状，主剖面沿矿体倾向和走向布设，以主要村庄作为主要保护点，剖面尽量保证穿越村庄；在主剖面的基础上，沿主要道路布设辅助监测剖面。

进行地面塌陷监测可采用多种成熟的技术手段，各种手段有其特点和优缺点（表 5.4）。采空区地面塌陷要和监测区实地情况相结合，选用符合当地实际情况的技术手段。

表 5.4 塌陷监测仪器对比分析表

监测方法	适用情况	优点	缺点	初期投入	运行费用	自动遥测
GPS 地表变形	能够接收到足够的 GPS 卫星信号	不要求通视，可进行全天候观测	受周围环境影响	高	中	可
全站仪地表变形监测	必须有光学通视，必须要有可见光，而且光线不能太弱	高精度，适应性强	属于近距离测量	中	中	否
水准仪地表沉降监测	需具备通视条件，距离不能太远	精度高可达毫米级	长距离引测控制点影响监测精度	低	中	否
近景摄影仪	适用于危险地形、地物的作业，适用于测量测点众多的目标	非接触，高度自动化	对控制点的数量及分布要求较高	高	中	否
激光扫描仪	适用于危险地形、地物的作业，适用于测量测点众多的目标	非接触，高精度数据采集效率高	数据采集时前后景物相互遮蔽	昂贵	中	可
InSAR 监测	植被相对少的地区	可大面积监测	受天气及地形影响	高	低	可

2. 建（构）筑物变形监测

对地面采空塌陷导致的建（构）筑物变形进行监测，便于随时掌握建（构）筑物的受影响程度，从而确保人民生命财产的安全。监测点应主要分布在监测区内的村庄、社区、铁路、公路、河堤和输电线路等处；对于已经查明变形的建（构）筑物应作为重点监测对象；建（构）筑物密集发生区，监测点应尽可能多设。对于建（构）筑物变形监测，主要是在房屋裂缝处安装裂缝报警器（图 5.3），并进行量测。

图 5.3　裂缝报警器

3. 地表水监测

对采煤区地表水水质状况进行监测，查明煤矿开采及周边居民生产生活污水等对矿区及周边区域地表水水质的影响及其变化趋势；同时对地表水位进行监测，随时掌握地表水位的动态，为该区域后期工程建设及地表水资源的保护和治理提供依据。

水质监测方法，通过采取水样，对其化学成分进行监测，重点对污染组分进行检测，对于在极短时间内会发生明显变化的化学指标，可采用多参数水质分析测定仪（图 5.4）进行现场测试。水位监测方法，采取直立式水尺（图 5.5），对地表水位进行定期监测，并做好记录工作。

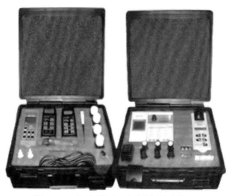

图 5.4　多参数水质分析测定仪

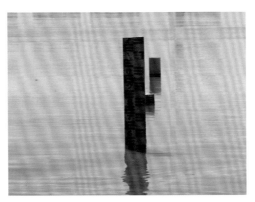

图 5.5 直立式水尺

水环境监测工程采样点（断面）布设应符合以下原则：

（1）监测断面及监测点在总体和宏观上须能反映水系或所在区域的水环境质量状况；

（2）各监测点的具体位置能反映所在区域环境的污染特征；

（3）力求以较少的监测断面和监测点获取最具代表性的样品。

4. 地下水监测

对采煤区地下水水质状况进行监测，可查明治理区煤炭开采对矿区及周边区域地下水水质的影响及其变化趋势；同时对监测区地下水水位开展监测，为分析矿区地面塌陷变形及地裂缝成因和变化趋势提供相关资料及依据。

水质监测方法，通过采取水样，对其化学成分进行监测，重点对污染组分进行检测，常用的水样采集仪器有 Bailer 采样器、惯性采样泵（图 5.6）、地下水定深采样器（图 5.7）、气囊泵及地下水分层采样系统等。水位监测通过地下水监测钻孔、机民井，进行各类各层地下水位监测，监测仪器可采用荷兰 Eijkelkamp Agrisearch Equipment BV 公司生产的 DIVER 水位计（图 5.8），此外还有美国的 In-situ 和瑞士的 Keller 等各类先进的水位监测仪。水位监测井同时也进行水量的监测。

图 5.6 惯性采样泵

图 5.7　地下水定深采样器

图 5.8　DIVER 水位计

地下水监测工程采样点（断面）布设应符合以下原则。

（1）根据地下水类型分区与开采强度分区，以主要开采层为主布设，兼顾深层地下水；

（2）地下水监测点布设应根据地下水流向、已有井孔分布情况进行布设；

（3）力求以较少的监测断面和测点获取最具代表性的样品，全面、真实、客观地反映区域地下水环境质量及污染物的时空分布状况与特征；

（4）采样井布设密度在主要供水区密，一般地区稀；污染严重区密，非污染区稀。

第6章 地面塌陷型含水层破坏典型案例
——邹城太平煤矿

邹城市是新兴的能源工业城市，境内含煤面积 357 km²，占境域面积的 22%，原煤年产量达 3 000 多万吨。其中太平采煤区内的煤矿大多于 1970 年左右筹备建井，1980 年左右正式投产，现已全面闭坑停产。因开采技术落后，在开采过程中对矿山地质环境的保护工作不到位，导致地质环境持续恶化，地面塌陷积水严重。调查可知，区内共有 7 个规模较大的塌陷坑，总塌陷面积为 2.74 km²，其中常年积水区面积为 1.20 km²；地裂缝遍布塌陷区周边，损毁土地面积达 11.06 km²，构（建）筑物及基础设施破坏面积 3.87 km²。

6.1 矿区地质环境背景

6.1.1 自然地理

1. 地理位置

邹城采煤塌陷区湿地主要分布于山东省邹城市境内太平镇北部，地处 116°47′31″～116°51′19″E，35°23′15″～35°26′11″N。北临兖州市王因镇，西与济宁市接庄镇隔泗河相望，南连邹城市郭里镇，东接邹城市北宿镇、中心店镇。研究区交通位置如图 6.1 所示。

周边交通运输条件十分便利，东侧有京沪铁路、京福高速公路和 G104 国道；北侧有兖石铁路和日东高速公路；西有兖新铁路、G327 国道；南有新济邹路东西连接济宁市和邹城市。此外，境内泗河往南注入中国北方最大的淡水湖——微山湖，白马河与京杭大运河相接，水上运输可直达江南苏、沪、皖、浙一带，形成了以铁路、公路、内河组成的四通八达的交通网。

2. 地形地貌

研究区地处兖州煤田西南端，地势平坦，东北高西南低，地面标高为 39.97～44.75 m。区域地貌类型属冲积平原，主要沉积物为中粗砂、细砂、粉土及黏性土。

3. 气象水文

研究区属暖温带半湿润大陆性季风气候区，四季分明，降水集中，雨热同步。年平均气温 14.1 ℃，7 月温度最高，平均气温为 27.1 ℃；1 月温度最低，平均气温为-11.1 ℃。

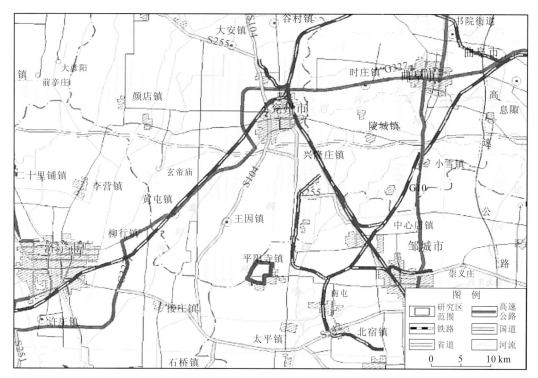

图 6.1　研究区交通位置图

区内蒸发量年内变化较大，年际变化较小。区内多年平均降水量 771.1 mm，最大年降水量为 1 263.8 mm（1958 年），最小年降水量为 268.5 mm（1988 年），年内降水多集中在汛期的 6～9 月。汛期降雨主要为低涡形成的气旋雨、锋面雨和台风雨。

区域内水系属淮河流域，河流主要有泗河、白马河及其支流，绝大部分属季节性河流，汛期有水，冬季干涸，源短流急，含沙量大。泗河发源于泰沂山区，流经泗水、曲阜、兖州、邹城和任城等县（市、区），最终流入微山湖。泗河在区内由北向南流过，区内段长约 4 362 m，仅在洪水季节有短期径流；白马河发源于邹城北部山区，全长 60 km，在区内自北向南注入微山湖，长约 1 767 m，常年有水且可以通航。境内水资源主要由地表水和地下水两部分组成。地表水主要是季节性降水，年均降水总量为 12.34 亿 m³，平均地下水天然补给量 2.21 亿 m³。

6.1.2　地质条件

1. 地层岩性

研究区基岩全部被第四系所覆盖，井田属华北型含煤岩系。本区地层自上而下分别为第四系、侏罗系、二叠系、石炭系和奥陶系。

1）第四系

第四系覆盖全区，上部为棕黄色黏土、砂质黏土及砾石层，含钙质、铁锰质结核；下部为灰绿色黏土、砂质黏土及含黏土石英长石砂砾层互层。

2）侏罗系

侏罗系上部为灰绿色粉细粒砂岩互层夹泥岩；下部为红色砂岩，并有燕山晚期岩浆岩侵入，底部为砾岩。

3）二叠系

二叠系从上到下分为上石盒子组、下石盒子组、山西组。上石盒子组为杂色泥岩、粉砂岩和灰色粉砂岩，产植物化石，底部含 B 层铝土岩；下石盒子组为灰绿色砂岩和杂色泥岩、粉砂岩，富产植物化石；山西组为浅灰、灰白色中、细粒砂岩及深灰色粉砂岩、泥岩，含 1～2 层厚煤层，富产植物化石。

4）石炭系

石炭系由上到下为本溪组与太原组。本溪组以灰色石灰岩为主，夹杂色铝质泥岩、紫色铁质及铝土岩。与奥陶系石灰岩呈假整合接触。太原组主要为灰色-灰黑色砂岩、泥质岩、铝质泥岩、灰绿灰白色细砂岩。含煤 8～20 层及不稳定薄煤层 2～3 层，为本区主要含煤地层之一。

5）奥陶系

奥陶系由上到下为马家沟组与三山子组。马家沟组主要为浅海相中厚层灰岩、豹皮灰岩夹泥灰岩、白云质灰岩；三山子组主要为浅海相灰岩、豹皮灰岩、泥灰岩、白云质灰岩、白云岩，含燧石结核。

2. 地质构造

1）区域地质构造

兖州煤田位于鲁西南断块凹陷区东侧，为一轴向 NE，向东倾伏的不完整向斜，地层产状平缓，倾角 5°～15°，次一级宽缓短轴状褶曲发育，轴向为 NE—NEE。区域地质构造如图 6.2 所示。

2）研究区地质构造

研究区地质构造与区域性构造特征一致，褶曲以一组轴向 NEE 向次级宽缓褶曲为主，伴有少量断层，构造复杂程度中等。

Ⅰ. 褶皱

研究区内次一级褶皱较发育，褶皱幅度、轴向、宽度见表 6.1。

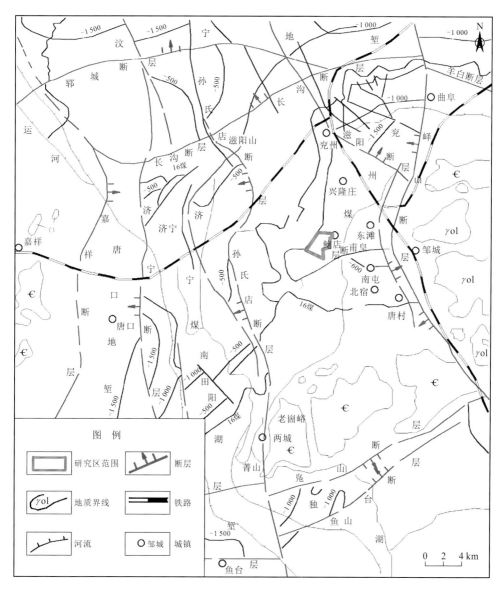

图 6.2　区域地质构造略图

表 6.1　区域褶皱一览表

褶皱名称	幅度/m	轴向/(°)	宽度/m	主要特征
兖州向斜	50～80	75～80	2 400	西端被马家楼断层组切割，在深部有小型隆起，其范围仅 600 m
鲍家厂背斜	80	55	400	北翼被大马厂断层切割。翼部发育次一级的褶曲
小南湖向斜	50	65	1 000	至深部逐渐消失

II. 断层

在邹城市境内，断裂构造主要有 NEE、NE 向两组，大多属逆断层，局部可见平移断层和正断层。区内断层不很发育，已发现的断层共有 8 条，断层具体走向、倾向、落差、性质等见表 6.2。

表 6.2　区域断层一览表

序号	断层名称	产状		落差/m	性质	控制程度
		倾向/（°）	倾角/（°）			
1	皇甫断层	NWW	60	10～20	逆	基本查明
2	皇甫支三断层	NWW	60	30	逆	待证实
3	皇甫支四断层	NWW	60	25	逆	控制
4	大马厂断层	NWW	53～62	0～20	逆	查明
5	北林厂断层	SSE	25	0～10	逆	控制
6	VI-F_{10}	NE	40～50	0～5	逆	待证实
7	马家楼支一断层	SW	210～270	6～20	正	控制
8	马家楼支二断层	SW	80	15	正	基本查明

6.1.3　水文地质特征

1. 区域水文地质条件

兖州煤田为一不完整的向斜盆地，形态为轴向 NEE，向东倾伏的宽缓不对称复式向斜。由于煤田东部峄山断层的下盘（东盘）为隔水层，其余三面煤系含水层与奥灰不对接，第四系中更新统全区发育，故兖州煤田为一相对独立的水文地质单元。

煤田内水文地质条件属中等类型。煤田主要含水层自上而下依次为：第四系上更新统孔隙含水层，第四系下更新统孔隙含水层，上侏罗统砂岩裂隙含水层，3 煤顶底部砂岩裂隙含水层，太原组灰岩岩溶裂隙含水层，本溪组灰岩岩溶裂隙含水层和奥陶系灰岩岩溶裂隙含水层。区域水文地质图和水文地质剖面图如图 6.3 和图 6.4 所示。

2. 研究区水文地质条件

1）含水层

根据含水层岩性、地下水赋存条件，可将工作区含水地层划分为三个含水岩组：第四系松散岩类含水岩组、碎屑岩类含水岩组和碳酸盐岩类含水岩组。

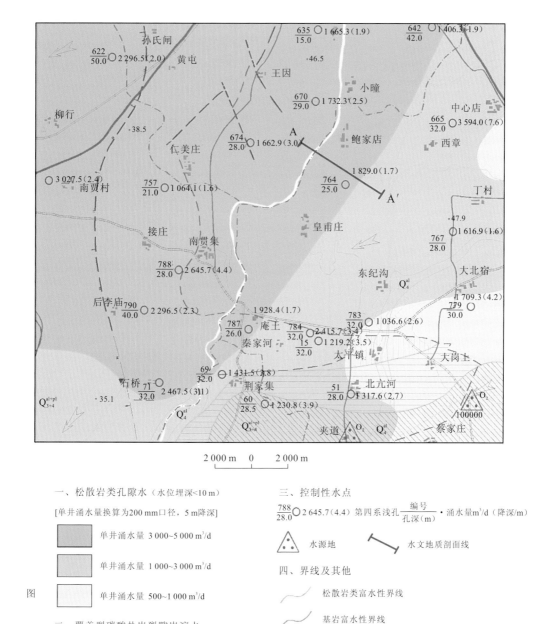

一、松散岩类孔隙水（水位埋深＜10 m）

[单井涌量换算为200 mm口径，5 m降深]

　　　单井涌水量 3 000~5 000 m³/d

　　　单井涌水量 1 000~3 000 m³/d

　　　单井涌水量 500~1 000 m³/d

二、覆盖型碳酸盐岩裂隙岩溶水

[深层淡水单井涌水量系换算为200 mm口径，15 m降深]

　　　单井涌水量 ＞5 000 m³/d

　　　单井涌水量 1 000~5 000 m³/d

　　　单井涌水量 500~1 000 m³/d

三、控制性水点

$\frac{788}{28.0}$◯2 645.7(4.4) 第四系浅孔 $\frac{编号}{孔深(m)}$ · 涌水量m³/d（降深/m）

　　　△ 水源地　　　⊢—⊣ 水文地质剖面线

四、界线及其他

　　　松散岩类富水性界线

　　　基岩富水性界线

　　　覆盖型灰岩顶板埋深界线

　　　推测正断层

　　　第四系浅层地下水流向

图 6.3　区域水文地质图

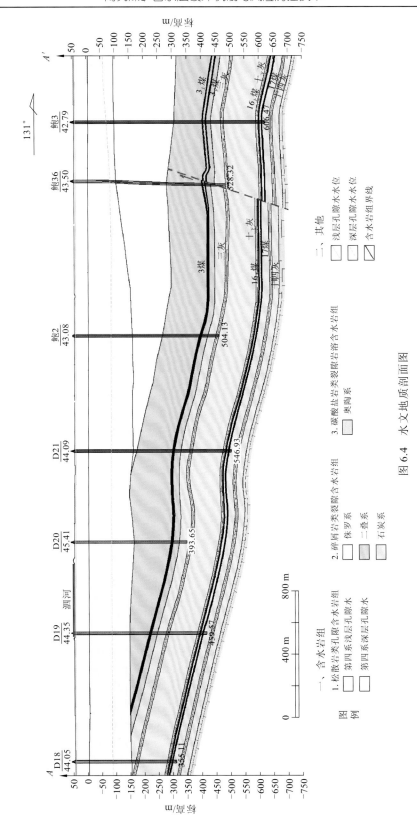

图 6.4 水文地质剖面图

图例

一、含水岩组

1. 松散岩类孔隙含水岩组
□ 第四系浅层孔隙水
□ 第四系深层孔隙水

2. 碎屑岩类裂隙含水岩组
□ 侏罗系
□ 二叠系
□ 石炭系

3. 碳酸盐岩类裂隙岩溶含水岩组
□ 奥陶系

二、其他
□ 浅层孔隙水水位
□ 深层孔隙水水位
▨ 含水岩组界线

主要含水层有：第四系上更新统孔隙含水层，第四系下更新统孔隙含水层，上侏罗统砂岩裂隙含水层，3 煤顶底部砂岩裂隙含水层，太原组灰岩岩溶裂隙含水层，本溪组灰岩岩溶裂隙含水层和奥陶系灰岩岩溶裂隙含水层。

2）隔水层

各含水层之间的隔水层为黏土、粉砂岩、铝质泥岩和泥岩等，主要隔水层有第四系中组隔水层组，太原组泥岩、铝质泥岩隔水岩组，17 煤至十四灰间铝质泥岩隔水岩组，十四灰至奥灰间泥岩隔水岩组。

3）地下水补、径、排及水化学特征

地下水主要接受大气降水和地表水的入渗补给，径流受地质构造控制。

地下水主要排泄方式为人工开采排泄。采空区以上地下水主要通过巷道排水沟汇集集中排泄，采空区以下地下水受岩层的控制，顺岩层的倾伏方向径流排泄。

据以往数据显示，区域地下水 pH 为 7.0～8.6，水化学类型主要为 HCO_3-Ca·Na 型。

6.1.4　矿业活动概况

邹城煤田属兖州煤田范围，境内经多年的煤炭资源大面积无序、高强度的开采，大片土地塌陷并积水。截至 2008 年年底，塌陷面积已达 5 653 hm²，导致 3 000 hm² 农田绝产。目前，塌陷区仍以每年 166.7～200 hm² 的速度剧增。

自 2000 年以来，邹城市开展了大量采煤塌陷地治理和土地复垦工作，整个邹城市采煤塌陷区部分已经由治理项目进行了规划整治。研究区东南侧的北宿镇在治理前由于塌陷深、面积大、积水多、矿山地质环境问题极为突出，依据因地制宜的原则进行了综合治理。先后建成 81 个鱼塘、13 条环湖路，新建桥涵 13 座、钓鱼亭台 3 处。水产养殖和观光农业共同进行，做到了农、牧、渔及其他副业的协调发展。

目前，太平镇北部以西尚未治理的采煤塌陷区也在采取治理措施，主要是将毗邻泗河东岸的横河水域进行规划治理，为了消除矿山地质环境问题和各种安全隐患、改善生态环境，拟将其作为湿地加以保护。本书选取的区域西临泗河，南为新济邹路，东接平阳寺镇，北至鲍店煤矿。主要研究区为两个大型塌陷积水坑，编号为 TX1（研究区西南侧）和 TX2（研究区东北侧），范围如图 6.5 所示。

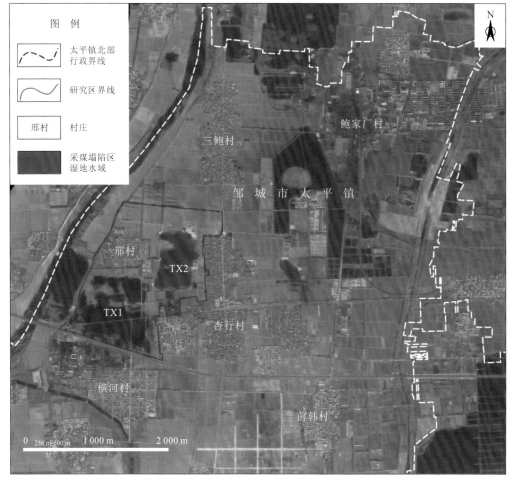

图 6.5　邹城市太平镇采煤区生态治理范围

6.2　矿区含水层破坏状况

6.2.1　含水层结构破坏

　　邹城市太平镇采煤区位于黄淮海平原，具有典型的黄淮海平原煤矿开采导致的含水层破坏特征，主要表现形式为地面沉陷。由于黄淮海平原区域含水层上覆土层较厚，煤矿地下开采采空区"上三带"——冒落带、裂缝带和沉陷带均发育，表现出弯曲下沉式沉陷的形式。同时由于区域地下水水位普遍较浅，塌陷之后地表大面积积水，曾经的良田转变为湖泊滩涂，成为人工活动造成的湿地。采煤沉陷区的特点归纳如下。

1. 下沉式沉陷

　　在太平镇采煤区，因其顶板下伏岩层被掏空，应力发生变化，顶板在上覆岩层重力和自重作用下发生下沉、垮落等，使得顶板及以上岩层下陷，该处地势降低，地形发生变化，附近地表水和地下水在地形等作用下汇集在低洼处，形成湖沼。

2. 上覆土层较厚

若采空区上覆土层较薄，采煤塌陷极易形成裂缝和裂隙，只发育冒落带、裂缝带，成为水漏失的通道。当上覆土层较厚时，"上三带"均发育，形成沉陷盆地。

3. 地下水埋深浅且与地表水联系密切

该区地下水位埋深浅，一般在 5 m 以内，因此在地面沉陷后，地表水与地下水汇集于此，同时，在沉陷区形成一个相对稳定的湖泊或者沼泽湿地。表明采煤塌陷区湿地都与周边地表水，尤其是河流、水库等，存在相互补给的关系。

采煤塌陷区湿地形成的示意图如图 6.6 所示。

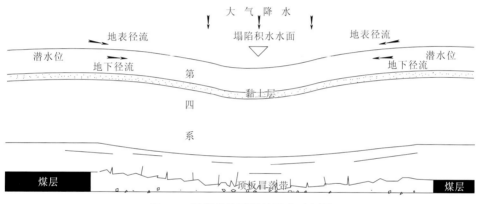

图 6.6　采煤塌陷区湿地形成示意图

6.2.2　地下水流场演化

煤矿闭坑前，邹城市太平镇采煤区地下水水位受降水和人工开采等影响，处于较稳定状态。自煤矿关闭后，地下水位上升，研究区地下水受泗河及塌陷区地表水补给作用明显，地下水流向为自泗河向两侧径流，研究区内地下水径流方向为自西向东。

研究区内 TX1 塌陷坑形成于 2004～2008 年，TX2 塌陷坑形成于 2008～2012 年，地面塌陷已基本稳定，两个塌陷坑水面未贯通，其中 TX1 水位略高于 TX2 水位。整个区内地下水补给量与排泄量基本处于动态平衡状态，地下水水位也基本保持稳定，地下水流向受地形及泗河补给影响，自西向东径流，靠近泗河（QS-9）的水位最高，水位标高 38.6 m，东北部最低，水位标高 35.2 m。根据流场图（图 6.7）来看，区内仍为泗河水位最高，补给 TX1 及地下水；TX1 水位高于地下水水位，通过渗漏补给地下水；TX2 仍为西侧接受地下水补给，东侧补给地下水。

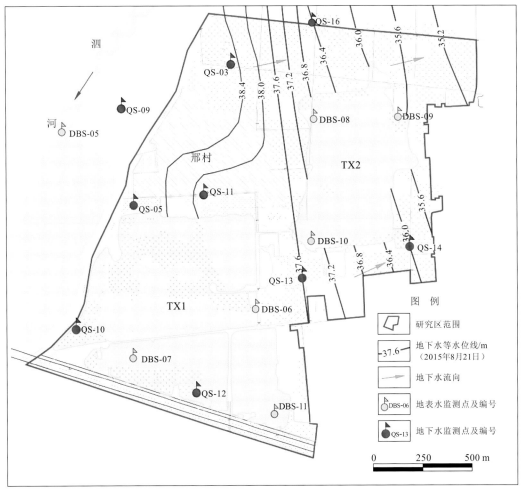

图 6.7　研究区 2015 年地下水等水位线图

6.2.3　地下水污染状况

在两个塌陷积水区进行取样分析（表 6.3），根据地表水环境质量标准三类水的标准，TX1 水样的硫酸根离子超标，TX1 与 TX2 的硝酸根和锌均超标，且氯离子含量较高，说明采矿对研究区地下水、地表水的水质产生了影响，可能对植物生长也有不利影响。

表 6.3　水样各指标测试值 （单位：mg/L）

测试项目	TX1	TX2
F⁻	0.893 4	0.647 6
Cl⁻	52.226 3	34.601 7
NO₂⁻	—	—
Br⁻	0.287 8	—

续表

测试项目	TX1	TX2
NO_3^-	12.079 6	10.392 9
SO_4^{2-}	589.796 6	119.922 9
As	0.000 0	0.000 6
Cd	0.000 2	0.000 2
Cr	0.001 8	0.000 9
Cu	0.006 8	0.005 2
Zn	1.033 5	1.014 3
Ni	0.035 9	0.000 0
Pb	0.007 3	0.000 0

　　通过地下水水质监测，对地下水水质进行综合评价，见表 6.4，并绘制地下水水质评价分区图（图 6.8）。浅层地下水监测点水质评价类别为 III 类及以下的有 12 个，主要分布在监测区中部；浅层地下水水质评价为 IV 类的监测点有 4 个，V 类的监测点有 4 个，主要分布在矿区东南部；孔隙水水质特征污染指标主要为总硬度、pH、氨氮和硝酸根离子。

表 6.4　地下水综合评价类别及最高类别指标统计表

序号	含水层属性	综合评价类别（2016 年 3 月）	决定性指标
DS-01	岩溶水	IV	硝酸根、铅
DS-02	岩溶水	III	亚硝酸根、氨氮
DS-03	岩溶水	III	亚硝酸根、氨氮
DS-04	中层孔隙水	IV	硝酸根、铅
QS-01	浅层孔隙水	III	总硬度、溶解性总固体
QS-02	浅层孔隙水	III	总硬度
QS-03	浅层孔隙水	IV	总硬度
QS-04	浅层孔隙水	III	总硬度、溶解性总固体、硝酸根离子
QS-05	浅层孔隙水	II	耗氧量
QS-06	浅层孔隙水	III	溶解性总固体
QS-07	浅层孔隙水	IV	总硬度
QS-08	浅层孔隙水	V	硝酸根离子
QS-09	浅层孔隙水	IV	总硬度
QS-10	浅层孔隙水	V	pH
QS-11	浅层孔隙水	V	氨氮、pH

序号	含水层属性	综合评价类别（2016 年 3 月）	决定性指标
QS-12	浅层孔隙水	V	pH
QS-13	浅层孔隙水	II	耗氧量
QS-14	浅层孔隙水	I	总硬度、溶解性总固体
QS-15	浅层孔隙水	III	总硬度、溶解性总固体
QS-16	浅层孔隙水	II	总硬度、溶解性总固体
QS-17	浅层孔隙水	IV	总硬度
QS-18	浅层孔隙水	III	总硬度、溶解性总固体
QS-19	浅层孔隙水	III	总硬度
QS-20	浅层孔隙水	III	总硬度

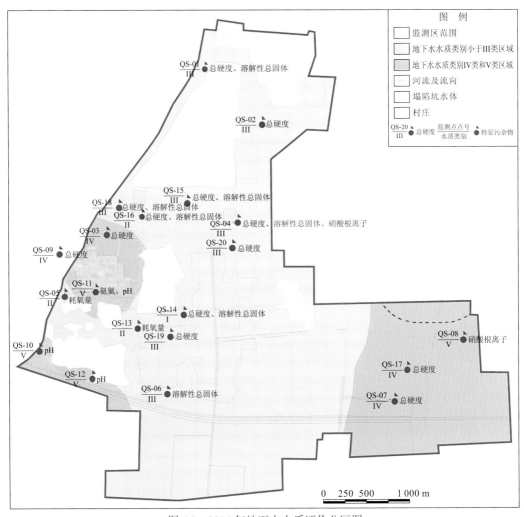

图 6.8　2016 年地下水水质评价分区图

6.3　含水层破坏风险评价

6.3.1　风险分析

邹城市太平镇采煤区矿井生产分两个水平，第一水平-94 m，第二水平-230 m，主采太原组下部 16^{上}、17 煤层，18^{上}煤层局部可采。16^{上}、17 煤层距本溪组十四灰岩含水层平均间距 32 m，距奥陶系灰岩含水层 55～60 m。近 20 年的采掘实践表明，从未发生奥灰水直接突水。煤层开采主要对上覆含水层造成影响，其采矿区弯曲带波及地表，形成沉陷盆地。邹城市太平镇采煤区开采及闭矿对第四系含水层影响最大，因此本次评价将第四系含水层作为目标含水层。

6.3.2　风险评价

根据第 4 章构建的含水层破坏风险评价指标体系，并结合邹城市太平镇采煤区含水层破坏特征，运用层次分析法，采用 1～9 标度法，将评价因子两两对比，构造判断矩阵。计算出最大特征值及其对应的特征向量，并进行各层次排序及判断矩阵的一致性检验，最终确定各指标权重（见 4.3.4 小节）。

构建相应的目标层 A 与准则层 B 之间的判断矩阵，以及准则层 B 与指标层 C 之间的判断矩阵，见表 6.5～表 6.8。

表 6.5　*A-B* 判断矩阵

A	B_1	B_2	B_3
B_1	1	6/4	7/3
B_2	4/6	1	5/5
B_3	3/7	5/5	1

表 6.6　*B$_1$-C* 判断矩阵

B_1	C_{11}	C_{12}	C_{13}
C_{11}	1	4/6	3/7
C_{12}	6/4	1	3/7
C_{13}	7/3	3/7	1

表 6.7　B_2-C 判断矩阵

B_2	C_{21}	C_{22}	C_{23}	C_{24}
C_{21}	1	6/4	5/5	4/6
C_{22}	4/6	1	4/6	3/7
C_{23}	5/5	6/4	1	4/6
C_{24}	6/4	7/3	6/4	1

表 6.8　B_3-C 判断矩阵

B_3	C_{31}	C_{32}	C_{33}	C_{34}	C_{35}
C_{31}	1	6/4	5/5	6/4	3/7
C_{32}	4/6	1	4/6	5/5	4/6
C_{33}	5/5	6/4	1	6/4	4/6
C_{34}	4/6	5/5	4/6	1	3/7
C_{35}	7/3	6/4	6/4	7/3	1

分别计算 A-B 和 B-C 判断矩阵的最大特征值及其对应的特征向量，如下。

（1）A-B 判断矩阵的最大特征值：$\lambda_{\max}=3.0217$。

对应的特征向量：$\boldsymbol{W}=(0.4815,0.2782,0.2403)^{\mathrm{T}}$。

一致性检验：CR＝CI/RI＝0.0187＜0.1。

（2）B_1-C 判断矩阵的最大特征值：$\lambda_{\max}=3.0001$。

对应的特征向量：$\boldsymbol{W}=(0.2073,0.3148,0.4779)^{\mathrm{T}}$。

一致性检验：CR＝CI/RI＝0.0001＜0.1。

（3）B_2-C 判断矩阵的最大特征值：$\lambda_{\max}=4.0002$。

对应的特征向量：$\boldsymbol{W}=(0.2395,0.1584,0.2395,0.3626)^{\mathrm{T}}$。

一致性检验：CR＝CI/RI＝0.0001＜0.1。

（4）B_3-C 判断矩阵的最大特征值：$\lambda_{\max}=5.0584$。

对应的特征向量：$\boldsymbol{W}=(0.1907,0.1511,0.2057,0.1361,0.3164)^{\mathrm{T}}$。

一致性检验：CR＝CI/RI＝0.0130＜0.1。

计算各个评价指标对目标层的组合权重（层次总排序）$\boldsymbol{W}_1$。其风险评价指标体系权重计算结果见表 6.9。

$$W_1 = \begin{bmatrix} 0.2073 & 0 & 0 \\ 0.3148 & 0 & 0 \\ 0.4779 & 0 & 0 \\ 0 & 0.2395 & 0 \\ 0 & 0.1584 & 0 \\ 0 & 0.2395 & 0 \\ 0 & 0.3626 & 0 \\ 0 & 0 & 0.1907 \\ 0 & 0 & 0.1511 \\ 0 & 0 & 0.2057 \\ 0 & 0 & 0.1361 \\ 0 & 0 & 0.3164 \end{bmatrix} \times \begin{bmatrix} 0.4815 \\ 0.2782 \\ 0.2403 \end{bmatrix} = \begin{bmatrix} 0.0998 \\ 0.1516 \\ 0.2301 \\ 0.0666 \\ 0.0441 \\ 0.0666 \\ 0.1009 \\ 0.0458 \\ 0.0363 \\ 0.0494 \\ 0.0327 \\ 0.0761 \end{bmatrix}$$

通过对邹城市太平镇采煤区已有的资料进行整理和收集，获得指标体系的相关参数数据，再通过专家打分对各个指标进行评分，见表 6.9。

表 6.9　邹城市太平镇采煤区含水层破坏风险各评价指标体系评分

准则层	指标层	研究区数据资料	评分	权重
含水层结构破坏	断层性质及活化可能性	断层在煤矿开采扰动下有活化可能性	7	0.0998
	底板隔水层破坏可能性	导水破坏带影响未沟通下伏含水层	6	0.1516
	顶板隔水层破坏可能性	导水破坏带波及地表，形成沉陷盆地	10	0.2301
地下水流场变化	水文地质条件复杂程度	中等	7	0.0666
	闭坑回弹水位与含水层最低水位的关系	相近	8	0.0441
	隔水层性质	隔水性好，不易透水	6	0.0666
	含水层渗透性	<10 m/d	4	0.1009
地下水污染	矿井水水质	V	9	0.0458
	矿井开采面积	22 km^2	3	0.0363
	含水层厚度	>60 m	10	0.0494
	含水层相对废弃矿井的位置	下游	10	0.0327
	不良钻孔	<3 个	3	0.0761

邹城市太平镇采煤区含水层破坏模式属于含水层结构破坏地面沉陷型。将评价指标的评分值与各指标权重值代入式（4.9），经计算可得目标含水层破坏风险的综合指数为7.10，基于风险等级划分，可判断目标含水层破坏风险等级较高，破坏性大。

6.3.3 社会、经济与生态易损性风险评价

邹城市煤炭资源丰富，藏煤面积 357 km²，地质总储量 21.76 亿 t，开采量巨大，平均每开采 1 t 煤就要损失 4 m³ 地下水。邹城市水资源总量不足，时空分布不均，受季节、地形地貌、水文地质条件及人类活动影响较大。从邹城市供水结构来看，地表水年均供水量为 12 219 万 m³，占 36.19%，地下水年均供水量为 21 539 万 m³，占 63.81%，地下水是区内居民饮水、社会经济的主要供水水源。人均水资源占有量为 489.03 m³，仅是全国人均水资源占有量的 21.3%。自 20 世纪 70 年代初至 90 年代末大面积煤矿开采，致使大片土地塌陷积水，地表水受到不同程度的污染，小部分地面塌陷积水区的积水发黑，部分地表水体中的硝酸根和锌超标；另外，地下水水质也有恶化，地下水污染主要是矿坑废水排放、煤矸石的堆放及煤灰库的渗漏引起的，因此水资源的优化配置及地表水与地下水水源的水质修复是目前该区经济发展和生态地质环境保护需要认真考虑的问题。同时，邹城市能源产业、传统制造业占比为 53.3%，产业结构矛盾突出，发展战略性新兴产业及传统产业改造、任务繁重。工业主导的产业结构高耗水、高耗能、高排放、高污染等问题亟待解决。

通过以上分析，对邹城市太平镇采煤区含水层破坏的社会、经济与生态易损性进行评估。运用层次分析法确定指标权重，专家打分法对各个指标进行评分，见表 6.10。

表 6.10　邹城市太平镇采煤区含水层破坏易损性指标体系及评分

准则层	指标层	研究区状态	评价等级	评分	权值
破坏性	可利用资源量减少比例	10%～30%	中	6	0.147 6
	居民接触有毒有害地下水的频率和方式	饮用水源经口暴露	高	9	0.106 1
脆弱性	对目标含水层的依赖性	63.81%	高	8	0.117 3
	当地用水紧张程度	水资源占有量是全国人均水量的 21.3%	高	9	0.083 5
	是否存在可替代水源	地下水超采，不存在替代水源	高	8	0.114 6
恢复能力	含水层自我修复能力	地下水流系统水循环速度较慢	高	8	0.197 0
	社会经济调整或恢复能力	需水量大的第二产业在地方产业结构中占比最大	高	9	0.233 8

6.3.4　评价结果

通过计算得出邹城市太平镇采煤区第四系含水层破坏风险综合指数为 7.10，说明该含水层破坏风险高。其中含水层岩体结构破坏是表征该区含水层破坏等级的主要指标，主要表现形式为地面沉陷，形成沉陷式湖泊湿地。社会、经济和生态易损性评价结果显示第四系含水层破坏易损性综合指数为 8.13，易损性较高。

6.3.5　风险管理对策

针对目前邹城市太平镇采煤区地面沉陷高风险的情况，提出如下风险管理对策。

1. 高度重视闭坑的环境风险评价

风险评价是闭坑矿山管理的重要组成部分。通过风险评价可以确定闭坑矿山的危害及其风险，也为多利益相关方管理决策提供了共同框架。对于邹城市太平镇采煤区的风险评价主要包括生态风险评价和健康风险评价等。

2. 重视生态恢复或重建

生态恢复是闭矿计划中十分重要的内容。将矿区生态环境恢复到开采前的状态在经济、技术与生态理论上是十分困难的。生态恢复不仅仅是进行植物种植，还应该增加物种多样性、提高生物稳定性、重建栖息地等。在美国，要求相关矿业设施的设计必须能够保护与保持生物资源，必须考虑对整个生态系统的累计影响。敏感资源需要重点考虑，尤其是那些被列为受威胁和濒危的生物，须强制针对性地保护现存的种群与栖息地；在美国的亚利桑那州的《矿区土地修复法》中要求因地面扰动造成土壤压实、开裂、错动等而将被用来进行复垦的土地，需先降低土壤压实度，建立适宜根部生长的区域，为再种植做准备；进行植被恢复时，建立的植物种群应符合采矿后土地用途。植被种植必须在一年中最适宜的时间进行，可以使用土壤稳定方法和灌溉方法。矿山恢复通常需要重建地表及模拟周围的自然地形。在邹城市太平镇采煤区，生态重建的关注重点应放在湿地生态系统的重建。

3. 完善监测系统

针对邹城市太平镇采煤塌陷区，若要使监测体系取得较好的应用效果并达到示范的目的，需完善监测系统。

（1）从监测主体来考虑，应进一步加强监测组织机构及人才队伍体系的建设，注重监测人才的培养，提高监测人员的素质和技术水平以保证监测质量，从而从根本上保证监测数据的科学性和准确性，另外应加强信息反馈工作。

（2）从监测内容来考虑，应增加矿区生物指标的监测，特别是要增加对植物群落结构变化的监测，也可增加对空气指标的监测，另外还可增加对地质灾害及环境污染的遥感监测。总之，依据采煤塌陷区生态环境的内涵应尽量保证监测内容的全面性，同时随着矿区生态环境的变化，可针对某项突出问题相应地增加该项监测内容的工作量，进行总体控制。

（3）从监测方式来考虑，在专业监测和遥感监测的基础上，可根据矿区实际情况在某时段内进行常规监测和应急监测。

（4）从监测技术来考虑，可进一步发挥遥感技术的优势，选取更有效的数据源进行全面的遥感解译和识别，并且可以进行（遥感、地理信息系统、全球定位系统）技术的结合应用。另外，随着监测技术手段的快速发展，在监测期限内可对相关的监测技术做出相应的调整。

（5）从监测信息系统建设来考虑，在后期的持续监测工作中，必须加快建设监测信息系统。一方面，根据各级部门的不同需求，尽快建设完善的数据库系统；另一方面，依据监测体系建设的需求，要尽快完善信息网络系统。

6.4　含水层破坏的防控、治理措施与成效

6.4.1　防控与治理措施

治理区坐落于邹城市太平镇北部，采煤沉陷深度 2～8 m，总面积约 1500 hm^2，先期治理 281 hm^2。具体治理对象为 TX1 和 TX2 的塌陷积水坑、广布的地面裂缝等。

1. 土地整理

充分利用现状变形地貌，对沉陷值小于 4 m 的中、浅塌陷区削高填洼，疏排部分区域的季节性积水，土方量缺口直接取自塌陷积水坑与煤矸石堆，最终使土地恢复为耕地。

（1）土地平整过程中，合理分区分块，减少区内土方的远距离搬运，并保证纵坡坡度在 1/2 000 左右。

（2）将地表 0.3 m 厚的耕植土剥离暂存于区外，土方充填达到设计标高后，将先前剥离的耕植土均匀回填，保证土壤肥力。

（3）田块平整后，配套 5 条比降 1∶2 000 的排水农沟。

2. 岸边防护

根据景观规划设计，适当地改造积水塌陷坑，在积水坑联通处与部分重要地段进行岸坡加固。

水下采用格宾+赛克格宾挡墙作为基础，水上选用格宾挡墙，即将赛克格宾垫抛投到设计枯水位线，然后再在上部搭建格宾挡墙。格宾单元属于典型的柔性防护结构，是用低碳钢丝编制而成的双绞合六边形金属网格与内部填充石料组合而成的工程构件，赛克格宾经防腐处理适用于水下地段。墙体通过自身重量来维持稳定，防冲刷性能较好，可适应地基的不均匀沉降。

3. 绿化

对田间道路、损毁林地及积水区岸带进行绿化。栽植水生植物面积 26.78 hm²，陆生植物 53.33 hm²，共栽植植物 71 种，其中水生植物 8 种，陆生植物 63 种，建成生态湿地观赏区、科普区、休闲体验区及生态养护区 4 个湿地功能区块。

4. 地质环境监测

布设科学合理的地质环境监测网，选择典型的监测剖面及监测点，对地面塌陷变形、水土环境和治理工程效果进行监测。监测有无大范围地面塌陷和地裂缝等地质环境问题发生，监测水土环境受采矿作用的影响程度及矿山地质环境治理工程的实施效果，并以此为基础做进一步的分析和研究，指导矿山地质环境治理工程，服务于邹城市社会经济的可持续发展。

5. 煤矸石堆整治

区内煤矸石堆占用田地，分布较为分散，个体规模较小，对其采取清方利用、平整绿化双项治理措施。

（1）因地面整体沉陷，土地整理土方量缺口较大，经论证后就近选用煤矸石抛填至塌陷地面底部，上覆一般土体及耕植土进行复垦。

（2）随着技术的进步，将煤矸石变废为宝作为多种资源加以利用成为解决煤矸石堆放及环境污染的新的重要途径。治理项目将部分矸石运送到场外变卖为建筑、能源、化肥等材料，而后对其占用的场地进行平整、绿化或复垦。

6.4.2　治理成效

该治理项目通过土地整理、岸边防护、绿化、地质环境监测、煤矸石堆整治等工程，建成良好湖泊湿地景观 120 hm²，新增复垦土地 80.89 hm²，清方并利用占地 0.58 hm² 的煤矸石 0.025 km³，栽植水生植物面积 26.78 hm²，陆生植物面积 53.33 hm²，形成了生态湿地观赏区、科普区、休闲体验区及生态养护区 4 个环境优美的湿地功能区块（表 6.11）。修复过程中对部分项目进行规律性监测，观察变化情况并根据效果及时进行调整。

表 6.11 采煤塌陷区治理成效

项目	监测频率	治理效果
地面塌陷	2015 年 12 次 2016 年/2017 年每年 4 次	71.14%的区域沉降量小于 50 mm；23.65%的区域沉降量为 50～1 000 mm；5.21%的区域沉降量大于 1 000 mm。多数地区沉降量明显放缓且趋于稳定
建（构）筑物变形	2015 年 12 次 2016 年/2017 年每年 4 次	5 个监测点房屋裂缝破坏，其余基本稳定，没有造成房屋的结构性损坏
地表水环境	2015 年/2016 年/2017 年每年 6 次	泗河与 TX2 塌陷坑水位变化较平稳；硫酸根浓度增高（与水质净化工程所排放中水有关），硝酸根浓度增高（上游来水污染）
地下水环境	2015 年/2016 年/2017 年每年 6 次	水位抬升，地下水流场发生变化；硝酸根离子浓度部分超标（与补给来源水受到污染有关），硫酸根浓度随着地下水位抬升而升高
土壤质量	2015 年/2016 年/2017 年每年 4 次	全年重金属含量变化不大，均满足土壤环境质量标准三类土壤标准
土壤肥力	2015 年/2016 年/2017 年每年 4 次	有机质变化较为平稳；有效氮部分取样点含量较为平稳，部分波动较大；有效钾和有效磷波动较大，各时间段内涨幅不一
绿化	卫星影像图	低植被和高植被覆盖区面积增加，中植被覆盖区面积减少
格宾挡墙	每年	挡墙监测点普遍存在一定程度的错动，TX1 塌陷坑南岸东侧错动较大

综上，该治理工程着力改善地面塌陷导致的景观与生态效应，以重建湿地景观为核心，辅以一定的土地复垦措施，治理取得了较好的效果（图 6.9）。

图 6.9 采煤塌陷区治理效果图

第7章　水资源量衰减型含水层破坏典型案例
——河北峰峰煤矿

峰峰煤矿区是华北地区主要煤矿区之一，同时又是典型的岩溶大水矿床，开采历史较长，引发的水环境问题突出。峰峰煤矿区属于邯邢南单元黑龙洞泉域，矿井开采"下组煤"受到奥陶系岩溶水的突水威胁，同时，为防止岩溶突水，大量疏排导致地下水位大幅度下降、水资源浪费、泉群断流、村镇供水短缺等一系列水环境问题。因此作为闭坑煤矿含水层破坏水资源量衰减型的典型案例，对煤矿闭坑后含水层破坏情况、风险评价及防控进行相关研究。

7.1　矿区地质环境背景

7.1.1　自然地理

1. 地理位置与交通

峰峰煤矿区位于邯郸市境内，隶属于武安市、峰峰矿区、磁县。矿区北起南洺河、鼓山北部拐头山，南达岳城水库，西至和村盆地西缘，东到峰东大断层，地理坐标为113°55′E～114°20′E，36°18′N～36°54′N。研究区面积约530 km²，与各市、县、乡镇均有公路网相通，交通十分便利（图7.1）。

2. 地形地貌

峰峰煤矿区位于河北省太行山南段的东麓低山丘陵区，西连太行山，东接华北平原，为太行山与华北平原过渡带，地貌形态复杂多样，地形起伏变化较大，总的趋势为西高东低，自西向东依次分布有低山区、丘陵区、山前倾斜平原。

最高点为西北部马虎寨山，标高1 509.20 m，最低点为东部邯郸市峰峰矿区黑龙洞一带，标高119～122 m。岩溶水系统西部为太行山的余脉九山，中部为鼓山横贯南北。鼓山以西为和村盆地与武安构造断陷盆地组成的浅侵蚀堆积盆地；鼓山以东为坡积-洪积山前斜地，向东逐渐过渡进入华北平原。鼓山中部为剥蚀-溶蚀地貌中低山，向东为山前缓倾斜平地，多被第四系覆盖。地势由西向东逐渐降低，渐趋平坦，逐渐过渡进入华北平原。

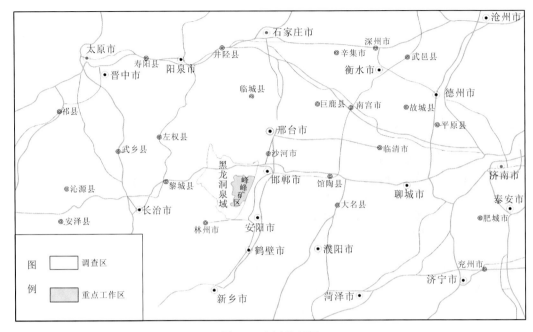

图 7.1　交通位置图

3. 气象与水文

本区地处北温带半干旱大陆性季风气候区，春季干旱少雨，夏季炎热多雨，秋季昼暖夜凉，冬季寒冷少雪。本区多年平均气温 13.0℃，多年（1962～2005 年）平均降水量为 541.44 mm，降雨主要集中在 7～9 月，占全年降水量的 65.5%，多年平均蒸发量为 1 838 mm。

区内水系发育，多具山区河流的特征，黑龙洞岩溶水系统自北向南有南洺河、滏阳河、漳河，此外还有间歇性河流，都属于海河流域子牙河、南运河水系。

7.1.2　地质条件

峰峰煤矿区处于新华夏构造体系第三隆起带太行山东侧，地层分区属于华北地层大区——晋冀鲁豫地层区。

1. 地层

该区属华北地层区，受新华夏构造体系控制，地层走向 NE—NNE 向，倾向 SE，倾角 10°～25°。区内地层出露较全，矿区地层由老至新为太古宇（AR）、元古宇（PT）、寒武系、奥陶系、石炭系、二叠系、三叠系、新近系、第四系，如图 7.2 所示。走向大致为 NE 向，倾向为 SE 向，倾角为 10°～20°。自老至新分述如下。

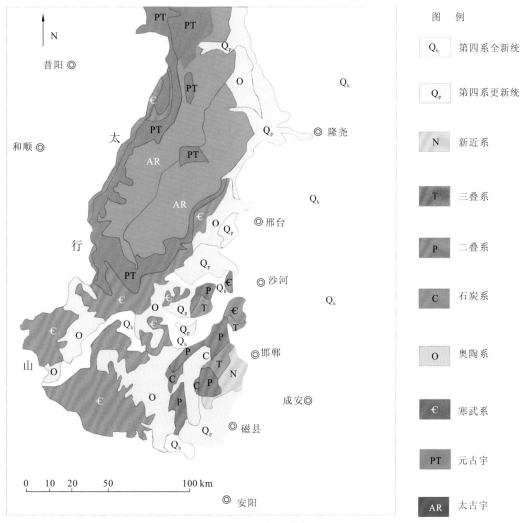

图 7.2　区域地质略图

1）太古宇

出露于区内西北部，为一套经变质作用和混合岩化作用形成的地层，主要由斜长片麻岩、片岩、变粒岩、石英岩及大理岩组成，厚度大于 7400 m。与上覆地层呈角度不整合接触。

2）元古宇

出露于区内西部及西北部，由石英砂岩、砾岩、板状页岩、泥灰岩、白云岩组成，涉县等局部地带夹有透镜状菱铁矿，厚度 60～1400 m。与上覆地层呈角度不整合接触。

3）古生界

I. 下古生界

寒武系发育上中下三统。

下寒武统：主要分布于区域中西部，与长城系呈假整合接触。岩性以砖红、紫红色页岩或含云母页岩夹薄层泥灰岩为主。厚度 35～85 m。

中寒武统：连续沉积于下寒武统之上，主要出露于区域中西部。下部岩性为暗紫红色薄层状富含云母页岩；中上部为灰色中厚至巨厚层鲕状灰岩夹薄层致密灰岩；其顶部以中厚层灰色涡卷状灰岩为主。厚度 191～293 m。

上寒武统：连续沉积于中寒武统之上，主要出露于区域中西部。下部岩性为灰色、深灰色中厚层灰岩、泥质灰岩、致密灰岩、鲕状灰岩夹薄层结晶灰岩和竹叶状灰岩，局部夹黄绿色页岩；中部为薄层或中厚层紫红色竹叶状灰岩夹薄层泥质条带灰岩或呈互层状的致密灰岩及生物碎屑灰岩；上部岩性以薄层状泥质条带灰岩和薄层竹叶状灰岩及鲕状灰岩为主。厚度 70～128 m。

奥陶系缺失上统，发育下统和中统。全区分布广泛，仅有北部邢台矿区中西部缺失。全区中南部裸露地表，东部被第四系和煤系地层所覆盖，为一套浅海、滨海、潟湖相沉积。

下奥陶统：整合覆于上寒武统之上。为灰色、黄灰色、浅红色中厚层细-粗晶白云岩，角砾状白云质灰岩，含燧石结核及燧石条带。自下而上为冶里组、亮甲山组，厚度 68～240 m。

中奥陶统：下部主要为灰色中厚层致密灰岩、花斑灰岩、白云质灰岩，中上部为灰黄色角砾状白云质灰岩、团块角砾状灰岩及灰黄色、灰绿色页岩、泥灰岩（贾旺页岩），本区郭村、北尚汪附近该层位赋存石膏矿体，厚度一般为 30 m 左右。本区岩石地层为马家沟组，厚度 110～571 m。

II. 上古生界

石炭系分布于区域中东部，平行不整合于奥陶系之上，厚度 128～176 m。

（1）中石炭统本溪组：底部为一因剥蚀面残积而成的"山西式"褐铁矿层、铁铝岩及粉红色黏土岩，中部为细粒砂岩，上部为灰色鲕状铝土岩、铝土质页岩、砂质页岩夹 1～2 层薄层灰岩和不可采煤层。厚度一般在 20 m 左右，局部可达 50 m。

（2）上石炭统太原组：为一套黑色、灰黑色砂泥岩、泥岩、杂色砂岩等，其中夹 6～8 层较稳定薄层灰岩，含煤 7～10 层，稳定可采及局部可采 6 层（4#、5#、6#、7#、8#、9#）。厚度 100～150 m。

二叠系分布于区域中东部，整合于石炭系之上，厚度 41～320 m。

（1）下二叠统：由山西组和下石盒子组组成。山西组为深灰色、灰色中细粒砂岩，黑色页岩、砂质页岩，含煤 2 层，可采一层，即 2#煤，厚 1～2 m，山西组厚度 40～90 m。下石盒子组为杂色页岩，灰白色中细粒砂岩，偶含煤线，厚度 145～220 m。

（2）上二叠统：由上石盒子组和石千峰组组成。上石盒子组为紫红色、黄绿色砂质页岩、页岩及灰白色中粗粒砂岩，厚度一般为 70～350 m。石千峰组为紫色细砂岩、紫红色页岩、含钙质结核，厚度为 200～250 m。

4）中生界

三叠系：各地零星分布，均被第四系所覆盖，岩性为紫红色细砂岩、砂岩、页岩。厚度大于 1 100 m。

5）新生界

新近系分布于区域南部及中东部，不整合于其他各系之上。多为松软的灰黄色砂岩和淡紫色粉砂岩，并有灰绿色、黄色、红色砂质黏土，顶部有一层青灰色石灰质砾岩，厚度为 0～240 m。

第四系为一套松散沉积物，主要分布于山间河谷和区域中东部山前地带，自西向东厚度逐渐增大。更新统和全新统为冲洪积褐黄色黏性土夹砂层，厚度 6～20 m。

2. 地质构造

本区属中朝准地台东部，位于新华夏构造体系第三隆起带太行山东侧。峰峰矿区主断裂为邯邢深大断裂、武安—鼓山断裂、何庄断层、紫山断层，褶皱有鼓山背斜、何村—彭城向斜。全区次一级断裂多为走向 25°～50°，构成井田天然边界。南北向构造多为华夏系所改造，东西向构造规模较小，如图 7.3 所示。

本区构造的控水作用主要表现在以下 4 个方面。

（1）阻水作用，大型褶皱及断层往往构成地下水系统（或岩溶水系统）的边界。如邯邢深大断裂构成了百泉岩溶水系统东部南段边界及黑龙洞岩溶水系统东部边界。

（2）在断层交汇部位局部导水形成进水口，如崔炉、八特、索井、白土进水口等。

（3）沿断裂带形成集中径流带，如和村断陷盆地内南、北径流带及鼓山背斜东侧径流带。

（4）在一些背斜轴部常构成区域性或局部性地下水分水岭，如老爷山背斜隆起构成西南部地表、地下分水岭。

3. 煤系地层

区内主要含煤地层为上石炭统太原组和下二叠统山西组，总厚度 170～250 m，平均 190 m。太原组含煤 7～15 层，可采与局部可采煤层为 4#（野青）、5#（山青小）、6#（山青）、7#（小青）、8#（大青）、9#（下架）煤，煤层总厚度 11.26 m，可采煤层总厚度 9.02 m，可采煤含煤系数 7.5%。山西组含煤 1～4 层，其中 2#煤（大煤）为一重要可采煤层，厚度为 0.9～9.47 m，平均为 5.51 m，可采煤层总厚度 5.13 m，可采煤含煤系数 7.3%。岩性、岩相、煤层及其层间距等都比较稳定（图 7.4）。现今主采煤层为 2#、4#、6#、7#、8#煤。

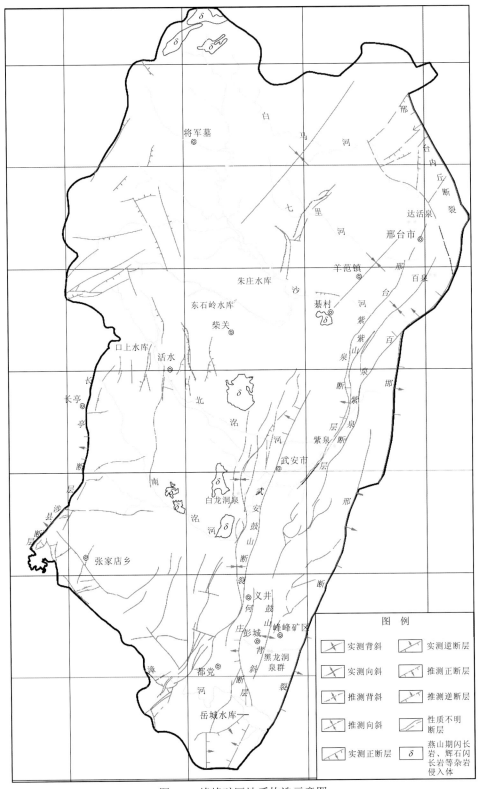

图 7.3　峰峰矿区地质构造示意图

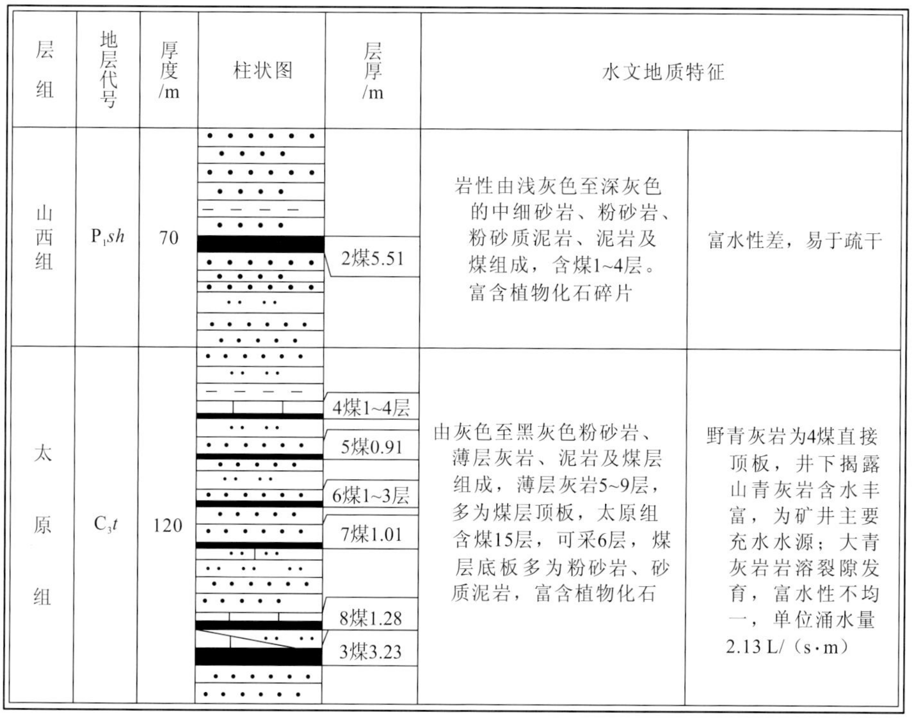

层组	地层代号	厚度/m	柱状图	层厚/m	水文地质特征	
山西组	P_1sh	70		2煤5.51	岩性由浅灰色至深灰色的中细砂岩、粉砂岩、粉砂质泥岩、泥岩及煤组成，含煤1~4层。富含植物化石碎片	富水性差，易于疏干
太原组	C_3t	120		4煤1~4层 5煤0.91 6煤1~3层 7煤1.01 8煤1.28 3煤3.23	由灰色至黑灰色粉砂岩、薄层灰岩、泥岩及煤层组成，薄层灰岩5~9层，多为煤层顶板，太原组含煤15层，可采6层，煤层底板多为粉砂岩、砂质泥岩，富含植物化石	野青灰岩为4煤直接顶板，井下揭露山青灰岩含水丰富，为矿井主要充水水源；大青灰岩岩溶裂隙发育，富水性不均一，单位涌水量2.13 L/（s·m）

图 7.4　峰峰煤矿区煤系地层柱状简图

7.1.3　水文地质特征

峰峰煤矿区在区域水文地质分区上，属太行山东麓黑龙洞岩溶水系统。岩溶水系统地理坐标为 113°40′~114°20′E，36°13′~36°54′N，包括邯郸地区西南部及河南省安阳地区北部，总面积 2 404.45 km²（灰岩裸露面积为 1 262 km²）。

1. 系统边界

北界：以北洺河区域地下水分水岭为界。

西界：南段为涉县—长亭阻水断层，北段为震旦系区域隔水地层。

东界：在岳城、新坡、中史村一线的邯邢深大断裂，为隔水边界。

南界：西段以老爷山背斜为界，东段在河南省的李珍、东傍佐、李辛庄一带为地下水分水岭，如图 7.5 所示。

2. 含水岩组划分及其特征

本区区域含水岩组主要有碳酸盐岩裂隙岩溶含水岩组、碎屑岩裂隙含水岩组及松散岩类孔隙含水岩组三种类型。其中，碳酸盐岩裂隙岩溶含水岩组主要分布于泉域的中部和西部，由中寒武统和上寒武统灰岩及中奥陶统和下奥陶统白云岩、灰岩组成一套复杂

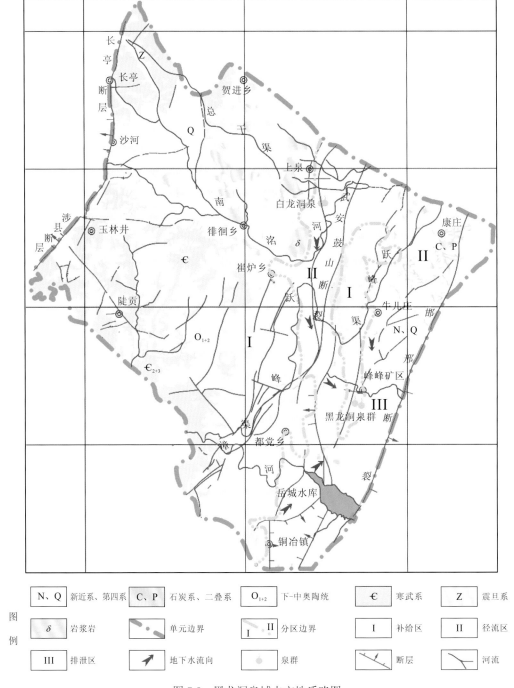

图例

| N、Q 新近系、第四系 | C、P 石炭系、二叠系 | O₁₊₂ 下-中奥陶统 | € 寒武系 | Z 震旦系 |

图 7.5　黑龙洞泉域水文地质略图

的含水岩系，并含有丰富的岩溶地下水，是本区供水水源地主要的含水层，也是本区矿床充水主要的含水层。依据地下水赋存条件及水动力特征，区域上可划分为四个含水岩组，一个相对隔水层组（表 7.1）。

表 7.1　峰峰煤矿区含隔水层及地下水赋存特征

含水岩组类型	年代地层	岩性	厚度/m	分布	富水性	单井涌水量/[L/(s·m)]	水化学类型及矿化度
泥岩相对隔水层	下寒武统和中寒武统徐庄组	含云母片的泥岩类岩石	191	出露于沙洺、馆陶、荒庄、南北洺河河谷一带	隔水底板	未知	未知
岩溶强含水岩组	中寒武统	鲕状灰岩为主，结晶灰岩次之	187	仙庄、北响堂寺一带	较强	1～3.213	HCO₃-Ca·Mg 型，矿化度 0.3 g/L
岩溶弱含水岩组	上寒武统	竹叶状灰岩、泥质条带灰岩和薄层泥灰岩	128	鼓山、北响堂寺一带	较差	0.014 5	HCO₃-Ca·Mg 型，矿化度 0.25 g/L
岩溶强含水岩组	下奥陶统	白云岩、白云质灰岩	148	正峪西山、老道坪、小康庄一带	较强	1.52～3.25	HCO₃-Ca·Mg 型，矿化度 0.3 g/L
岩溶强含水岩组	中奥陶统	灰色中-厚层灰岩、花斑灰岩、白云质灰岩	571	鼓山、九山一带	较强	2～3.5	HCO₃-Ca·Mg 型，矿化度 0.3 g/L

3. 岩溶水补、径、排条件

峰峰煤矿区所在的黑龙洞泉域为一独立封闭程度较高的全排型岩溶水系统，以西部山区和中部灰岩裸露区为补给区，构造断陷盆地为径流区，以泉群排泄为主的独立水文地质单元。

在西部山区和中部鼓山灰岩裸露区，接受大气降水补给，其次为河流及人工渠道线状入渗补给。多年大气降水平均补给量为 11.05 m³/s。岩溶地下水的径流主要受地形、构造及排泄条件的制约。西部山区补给区，受地势与地层倾向的控制，分散流动的岩溶水基本自西向东或略向东南沿层径流。进入径流区后，区内较大的构造体系复合地段不但改变了地下水的流向，而且形成地下水的汇流带。

黑龙洞泉域系统天然状态下是以集中的泉群排泄。由于系统内工农业开采量的逐年增大，矿山开采疏排地下水已逐步由泉排为主变为人工排泄为主，致使泉水断流，岩溶地下水的排泄方式逐渐变为人工排泄。

7.1.4　矿业活动概况

峰峰煤矿区是一个具有百年开采历史的老矿区，光绪年间（1875～1908 年）已有当地居民用手工采掘。之后有怡立煤矿公司、中和公司、致和公司从事开采。1937 年"七七事变"后，矿区被日本帝国主义侵占，遭到掠夺性开采。1945 年华北解放区人民政府接收矿区，1949 年成立峰峰矿务局，1958 年成立邯郸矿务局。此后，开采规模迅速扩大，1965 年煤炭产量发展到 776 万 t，1975 年突破 1 000 万 t，2006 年煤炭产量为 1 379 万 t。目前区内主要含峰峰、邯郸两大矿业集团的 16 个矿井，另有 3 处地方煤矿。全区已探明煤炭保有储量 50 亿 t，其中 35 亿 t 已用作生产和建井，现有可采储约 5.86 亿 t。

7.2　矿区含水层破坏状况

7.2.1　含水层结构破坏

峰峰煤矿开采对主要含水层——岩溶含水层结构破坏的影响因素主要考虑采动裂隙、水头压力、底板隔水层厚度、开采强度、断层与陷落柱等几个方面的影响。

1. 采动裂隙与水头压力

煤层底板承压含水层的水压越高，越容易克服上覆隔水层内部的结构面（裂隙、断裂等）阻力和面上的摩擦力，使承压水的位能变为动能，加速承压水渗流场的运动，并沿着薄弱结构面上升，成为底板涌突水的动力源之一。

峰峰煤矿区煤层隔水底板所承受的水压普遍较高，矿井涌突水量大，对岩溶地下水的影响大，尤其在开采下层煤时，因矿区断裂构造发育，加之采动影响，沟通奥陶系岩溶裂隙水，使奥陶系岩溶裂隙水成为煤矿涌突水的间接水源。据调查，峰峰煤矿区各矿井排水和每次突水基本均造成了奥陶系岩溶裂隙水水位下降，形成大小不等的降落漏斗，甚至使附近供水井吊泵，影响供水。

2. 底板隔水层厚度

煤层底板隔水层的厚度和岩性组合对奥陶系岩溶裂隙地下水涌突水具有控制作用。峰峰煤矿区由于断裂构造发育，沟通了煤系含水层与奥陶系岩溶裂隙含水层的水力联系，加之奥陶系岩溶裂隙水水头压力大、富水性强，无论是开采哪层煤，无论煤层隔水底板厚薄，大多数煤矿井均直接或间接有奥陶系岩溶裂隙水进入，但是奥陶系岩溶裂隙地下水顶板隔水层厚度对突水灾害具有明显的控制作用。如峰峰煤矿区奥陶系岩溶裂隙地下水顶板隔水层具有自北西向南东、由厚变薄的规律，由北西部的平均 58.67 m 渐变为南东部的 23.58 m，因此在 21 世纪以前，主要开采北西部煤炭资源时，煤矿发生突水灾害的次数较少，而近年在转向主要开采南东部煤炭资源时，突水事故频发。

3. 开采强度

开采强度包括煤炭产量、开采深度及开采面积。邯邢煤矿区矿井总疏排水量随煤炭产量增加而增大，随开采深度及开采面积增加而增大。例如，羊渠河矿 1959 年投产时涌水量为 3.0 m³/min；60 年代开采第二水平（-110 m）后，涌水量为 5.1～5.8 m³/min；

70 年代开采第三水平（-240 m）后，涌水量为 6~7 m³/min；80 年代开采第四水平后，全矿涌水量达到 9~9.5 m³/min；90 年代以后涌水量基本稳定在 8 m³/min 左右。

4. 断层

断层是煤炭开采中经常遇到的地质构造，是矿床充水的重要因素。它不仅是华北石炭系—二叠系煤田开采底板涌突水的直接通道，也是引发底鼓突水的重要因素，还是奥陶系岩溶裂隙地下水补给煤系充水含水层的水源通道，因此断层是煤矿开采影响岩溶地下水资源的主要因素。断层在煤矿开采中影响岩溶地下水的作用取决于断层性质、规模、形成时代，断层所切割的地层岩性和富水性，断层两盘伴生裂隙的发育程度及岩层对接组合状况。峰峰煤矿区断层发育，而且主要分布于岩溶地下水径流带，富水性强、水头压力大。据不完全统计，峰峰煤矿区与断层有关的涌突水次数占总突水次数的 90% 以上。断层在峰峰煤矿区煤矿开采中影响岩溶地下水的作用表现在以下几个方面。

（1）断层切割破坏了煤层底板岩层的完整性，在煤层底板隔水层中形成了脆弱地带。煤层开采时，在矿山压力与水头压力的共同作用下，地下水常常突破这些比较脆弱的地段而发生突水。例如，1995 年 12 月 3 日，峰峰梧桐庄矿在施工-500 m 水平的过程中，发生底鼓出水淹井，涌水量约 34 000 m³/h，据突水水源分析为奥陶系灰岩水。后经专家分析，此次突水可能不止一条小断层起了作用，在高压岩溶水和矿山压力联合作用下，野青、伏青、大青、奥灰等含水层水逐次突破了各自的上覆隔水岩层，最终形成了奥陶系灰岩水通道。

（2）峰峰煤矿区有一些天然状态下的导水断层，或天然状态下阻水，受煤矿采动抽排水影响成为导水断层。在煤层开采时，奥陶系岩溶裂隙水成为煤矿直接充水含水层的稳定补给源，矿井间接疏排岩溶裂隙水。例如，1956 年 2 月 23 日，郭二庄矿一坑 1 731 （2 煤）工作面切眼掘进遇到断层时，造成下盘奥灰水直接通过断层突出，突水量最大达 1 086 m³/h，使一坑停产排水治理达 105 天。

（3）断层使奥陶系岩溶裂隙含水层与煤矿直接充水含水层对接、接近，直接补给煤矿充水含水层。例如，1972 年 5 月 12 日，王凤矿遇小断层发生底鼓，导致底板大青灰岩岩溶裂隙水突水，初始突水量 600 m³/h，稳定水量为 302 m³/h。

（4）断层使得煤层与奥陶系岩溶裂隙含水层对接或接近，在煤层开采时在高水头压力作用下，通过煤层薄弱地段或突破煤柱进入矿井。例如，1960 年 6 月 4 日，峰峰一矿 1532 野青工作面开挖到距离断层下盘奥陶系灰岩含水层 27 m 时，煤柱已顶不住奥陶系灰岩的高压水，造成矿坑突水，涌水量达 6 300~13 620 m³/h，

5. 陷落柱

峰峰煤矿区煤系下伏巨厚奥陶系石灰岩，陷落柱发育。据不完全统计，仅峰峰三矿就有 17 个陷落柱。陷落柱孔隙性好，裂隙发育，相对于围岩其强度也较低，因此岩溶陷落柱往往是地下水突入矿坑的重要通道，也是煤矿闭坑后引发岩溶水串层污染的重要原因之一。

矿区若发生陷落柱突水，则一般规模较大。例如，2003 年 4 月 12 日，峰峰煤矿东庞矿发生陷落柱引发的突水事故，最大突水量 74 451 m³/h，超过矿井排水能力的数十倍，是我国罕见的煤矿突水灾害（苏建国，2009）。

7.2.2 地下水流场演化

1. 矿区地下水位下降、泉群干涸

20 世纪 80 年代以前，峰峰煤矿区矿井疏排水和人工开采量较少，矿区地下水排泄以泉排泄为主，径流区地下水位在 130～139 m（除特丰水年或特枯水年）；从 20 世纪 80 年代开始，随着矿井疏排水和人工开采量的大幅增加，矿区地下水位呈明显下降趋势（图 7.6），到 90 年代以后，下降幅度进一步增大，径流区地下水位下降至 110～130 m，导致附近黑龙洞泉群发生断流；21 世纪以后，因资源枯竭矿区北部部分矿井关停，地下水位呈回升趋势（1996 年水位 115 m，2007 年水位 124.4 m），南部新建煤矿陆续投产，导致其地下水位大幅下降。

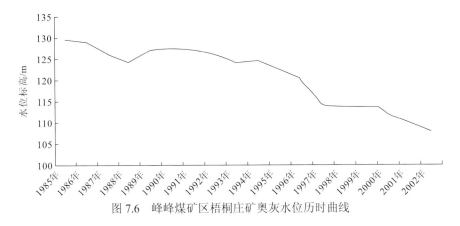

图 7.6 峰峰煤矿区梧桐庄矿奥灰水位历时曲线

2. 矿区地下水流场演变

1）天然流场的展布特点

20 世纪 80 年代以前，矿区人工开采和矿井疏排水较少，地下水流场主要受地形地貌和区域构造控制，矿区一些水源井和煤矿疏排井采排水总量仅 2.20 m³/s，即使在局部地区形成小的降落漏斗，但地下水流场仍然保持天然流场形态（图 7.7）。

2）20 世纪 80～90 年代地下水流场特征

从 1994 年区域地下水水位线图（图 7.8）可以看出，地下水总体仍按天然状态下的路径向排泄区汇集，但已明显受到人工采排的影响，使羊角铺-王凤、黑龙洞、峰峰几个矿区成为局部汇水区。由此可见区域地下水流场正由天然流场向人工开采干扰流场演化（赵海陆，2011）。

3）现状地下水流场特征

进入 21 世纪之后，在一些资源枯竭矿井关闭的同时，又有新矿井逐步投产，地下水流场形态因新老矿井的交替发生了较大变化。总体表现为降落漏斗数量不断增多，位置向新投产矿井方向移动（图 7.9）。

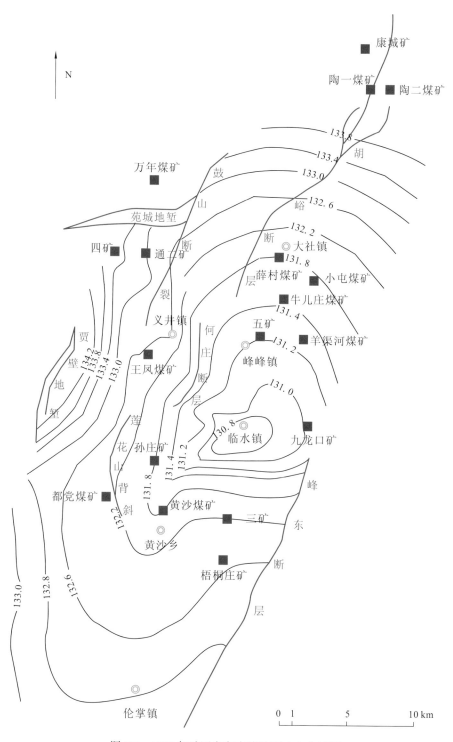

图 7.7 1979 年矿区奥灰岩溶地下水水位线图

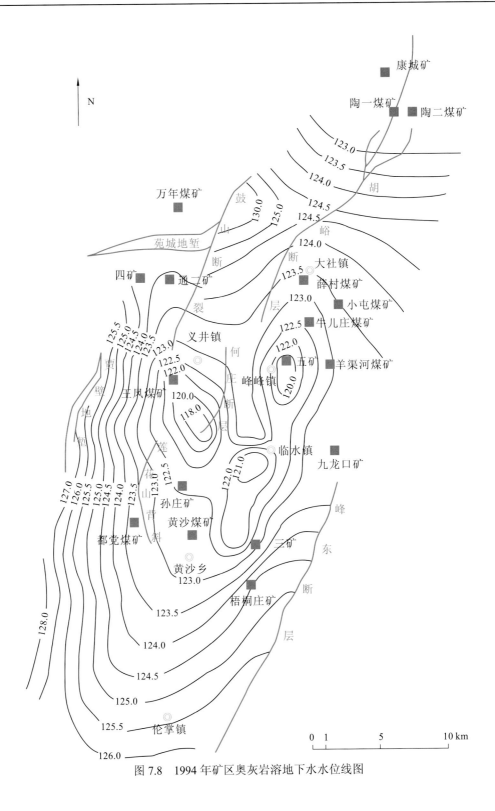

图 7.8　1994 年矿区奥灰岩溶地下水水位线图

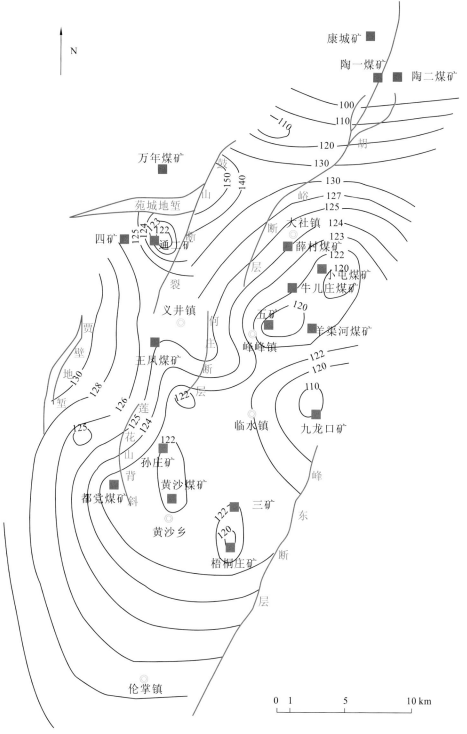

图 7.9　2007 年矿区奥灰岩溶地下水水位线图

如研究区北部，王凤煤矿和四矿 20 世纪 90 年代闭坑后，矿井排水量减少 4 000～5 000 m³/h，10 年内地下水位上升近 10 m。目前，该区的地下水降落漏斗已不明显。而南部区域，由于孙庄、黄沙矿开采规模逐年扩大，新矿井投产，矿井疏排水量不断增加，逐渐形成新的降落漏斗。

7.2.3　地下水污染状况

本区具有供水意义的地下水主要为第四系孔隙水和寒武系—奥陶系岩溶裂隙水。第四系孔隙水埋藏浅，上部无隔水覆盖层受污染较为严重；石炭系—二叠系裂隙水富水性弱，并且多已被矿山开采疏干；寒武系—奥陶系岩溶裂隙含水层在山区裸露，而煤矿、工业、城镇人口聚集区主要集中于东部盆地及山前平原寒武系—奥陶系岩溶裂隙水径流埋藏区，仅局部间接或直接地受到地表水及浅层地下水的污染。主要污染物为总硬度、溶解性总固体、硝酸盐氮、氨氮和氟化物。

第四系孔隙水：总硬度、溶解性总固体、硝酸盐氮、氟化物含量较高。总硬度超标率为 71%；溶解性总固体超标率为 43%；硝酸盐氮超标率为 86%；氟化物为个别监测点超标。水化学类型以 $SO_4 \cdot HCO_3$-$Ca \cdot Mg$、$HCO_3 \cdot SO_4$-$Ca \cdot Mg$、$HCO_3 \cdot Cl$-$Na \cdot Ca$ 型为主，表明第四系孔隙水受到一定污染，水化学类型向着复杂化的方向发展。

奥陶系岩溶裂隙水：根据研究区内具有代表性的 32 个岩溶地下水井孔的水质资料，采用单因子指数叠加法对地下水污染情况进行综合评价。将地下水划分为良好、较好、较差和极差 4 个区，结果显示，黑龙洞泉域大部分面积水质良好和较好。研究区奥陶系岩溶裂隙含水层 NO_3-N 超标率为 35%，总硬度超标率为 20%，氟化物超标率为 30%，NH_4-N 个别监测点超标，其超标样品大部分分布于煤矿区所在位置（图 7.10）。

综上分析，峰峰煤矿区局部奥陶系岩溶裂隙水被污染，但污染区面积较小，峰峰煤矿区含水层破坏主要表现在地下水流场变化和水位下降及水资源量衰减等方面。

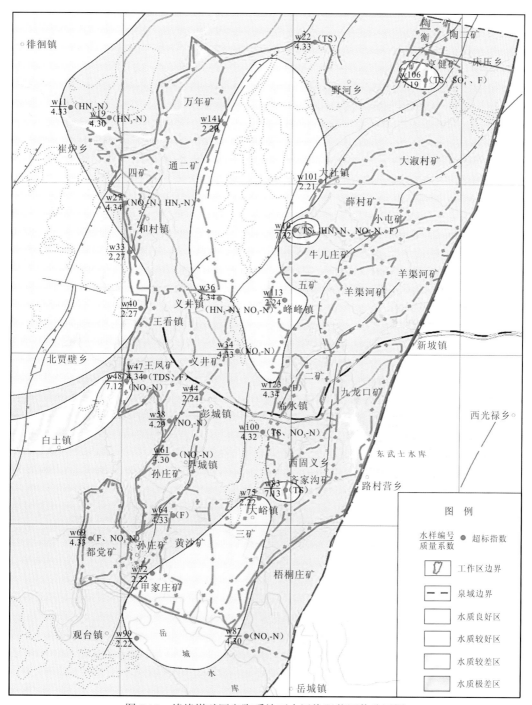

图 7.10　峰峰煤矿区奥陶系地下水污染现状评价分区图

7.3　含水层破坏风险评价

7.3.1　风险分析

峰峰煤矿区随着煤矿资源的逐步枯竭，关闭矿山陆续增多。长期规模性的矿井疏排水与地下水过量开采，是岩溶地下水流场发生改变、水位下降、水资源量衰减和水质变差的主要因素。

通过以上分析，峰峰煤矿区目标含水层破坏的主要原因有三种：裂隙型突水、断层型突水和陷落柱型突水。其最终的表现形式为黑龙洞泉域岩溶地下水水位降低，泉流量减小，地下水资源量衰减。对岩溶含水系统影响最大，因此以岩溶含水层为目标含水层进行风险评价。

该区水文地质条件复杂，导水断层、岩溶陷落柱发育，采动破坏带影响范围广，对上覆含水层及下伏岩溶水含水层均产生影响，并在局部区域沟通各含水层发生岩溶突水。煤矿闭坑后，煤系地层地下水位回弹，与其他含水层地下水等形成复杂的渗流场。

7.3.2　风险评价

根据构建的含水层破坏风险评价指标体系，并结合峰峰矿区含水层破坏特征，运用层次分析法，构造判断矩阵。目标层 A 与准则层 B 之间的判断矩阵，以及准则层 B 与指标层 C 之间的判断矩阵，见表 7.2～表 7.5。

表 7.2　A-B 判断矩阵

A_2	B_1	B_2	B_3
B_1	1	3/7	4/6
B_2	7/3	1	6/4
B_3	6/4	4/6	1

表 7.3　B_1-C 判断矩阵

B_1	C_{11}	C_{12}	C_{13}
C_{11}	1	4/6	3/7
C_{12}	6/4	1	3/7
C_{13}	7/3	3/7	1

表 7.4　**B_2-C 判断矩阵**

B_2	C_{21}	C_{22}	C_{23}	C_{24}
C_{21}	1	6/4	5/5	4/6
C_{22}	4/6	1	4/6	3/7
C_{23}	5/5	6/4	1	4/6
C_{24}	6/4	7/3	6/4	1

表 7.5　**B_3-C 判断矩阵**

B_3	C_{31}	C_{32}	C_{33}	C_{34}	C_{35}
C_{31}	1	6/4	5/5	6/4	3/7
C_{32}	4/6	1	4/6	5/5	4/6
C_{33}	5/5	6/4	1	6/4	4/6
C_{34}	4/6	5/5	4/6	1	3/7
C_{35}	7/3	6/4	6/4	7/3	1

分别计算 A-B 和 B-C 判断矩阵的最大特征值及其对应的特征向量。

（1）A-B 判断矩阵的最大特征值：$\lambda_{\max}=3.0001$。

对应的特征向量：$\boldsymbol{W}=(0.2073, 0.4779, 0.3148)^{\mathrm{T}}$。

一致性检验：$\mathrm{CR}=\mathrm{CI}/\mathrm{RI}=0.0001<0.1$。

（2）B_1-C 判断矩阵的最大特征值：$\lambda_{\max}=3.0001$。

对应的特征向量：$\boldsymbol{W}=(0.2073, 0.3148, 0.4779)^{\mathrm{T}}$。

一致性检验：$\mathrm{CR}=\mathrm{CI}/\mathrm{RI}=0.0001<0.1$。

（3）B_2-C 判断矩阵的最大特征值：$\lambda_{\max}=4.0002$。

对应的特征向量：$\boldsymbol{W}=(0.2395, 0.1584, 0.2395, 0.3626)^{\mathrm{T}}$。

一致性检验：$\mathrm{CR}=\mathrm{CI}/\mathrm{RI}=0.0001<0.1$。

（4）B_3-C 判断矩阵的最大特征值：$\lambda_{\max}=5.0584$。

对应的特征向量：$\boldsymbol{W}=(0.1907, 0.1511, 0.2057, 0.1361, 0.3164)^{\mathrm{T}}$。

一致性检验：$\mathrm{CR}=\mathrm{CI}/\mathrm{RI}=0.0130<0.1$。

计算各评价指标对目标层的组合权重（层次总排序）$\boldsymbol{W}_2$。其风险评价指标体系权重计算结果见表 7.6。

$$W_2 = \begin{bmatrix} 0.2073 & 0 & 0 \\ 0.3148 & 0 & 0 \\ 0.4779 & 0 & 0 \\ 0 & 0.2395 & 0 \\ 0 & 0.1584 & 0 \\ 0 & 0.2395 & 0 \\ 0 & 0.3626 & 0 \\ 0 & 0 & 0.1907 \\ 0 & 0 & 0.1511 \\ 0 & 0 & 0.2057 \\ 0 & 0 & 0.1361 \\ 0 & 0 & 0.3164 \end{bmatrix} \times \begin{bmatrix} 0.2073 \\ 0.4779 \\ 0.3148 \end{bmatrix} = \begin{bmatrix} 0.0430 \\ 0.0653 \\ 0.0990 \\ 0.1145 \\ 0.0757 \\ 0.1145 \\ 0.1732 \\ 0.0600 \\ 0.0476 \\ 0.0684 \\ 0.0428 \\ 0.0996 \end{bmatrix}$$

通过以上对峰峰煤矿区已有资料的分析，获得指标体系参数数据，并通过专家打分法对各个指标进行评分，见表7.6。

表 7.6 峰峰煤矿区含水层破坏风险各评价指标体系评分

准则层	指标层	研究区数据资料	评分	权重
含水层结构破坏	断层性质及活化可能性	在采动影响下，区内断层沟通目标含水层可能性大	10	0.0430
	底板隔水层破坏可能性	在局部区域导水破坏带波及下伏奥灰水含水层，发生裂隙型突水	10	0.0653
	顶板隔水层破坏可能性	局部区域采动破坏带波及地表，发生地面塌陷	9	0.0990
地下水流场	水文地质条件复杂程度	复杂	9	0.1145
	闭坑回弹水位与含水层最低水位的关系	高于	9	0.0757
	隔水层性质	隔水性一般，直接或间接有奥陶系岩溶水进入矿井	10	0.1145
	含水层渗透性	10～60 m/d	7	0.1732
地下水污染	矿井水水质	IV-V	8	0.0600
	矿井开采面积	353 km^2	9	0.0476
	含水层厚度	>60 m	9	0.0684
	含水层相对废弃矿井的位置	下游	9	0.0428
	不良钻孔	<3 个	3	0.0996

对峰峰煤矿区的以上研究表明，该矿区含水层破坏模式属于水资源量衰减型。将评价指标的评分值与各指标权重值代入式（4.9），经计算可得目标含水层破坏风险的综合指数为8.25。

7.3.3　社会、经济与生态易损性风险评价

根据 2000 年峰峰煤矿区开采量的统计结果，峰峰煤矿区工业、农业及生活用水量合计为 14 141 万 m³，占开采总量的 76.2%；矿井疏干水量为 4 426 万 m³，占开采总量的 23.8%；矿山排水量占地下水开采量的 1/3。从峰峰煤矿区供水结构看，地表水年均供水量为 2 516 万 m³，占 25.9%；地下水年均供水量为 7 185 万 m³，占 74.1%（赵瑞霞，2008）。地下水是区内居民饮水、社会经济的主要供水水源。邯郸市水资源极为匮乏，人均水资源量为 191.6 m³，是全省人均水量的 61%，是全国人均水量的 9%（刘杰，2009）。目前，峰峰煤矿区所在的黑龙洞泉域地下水超采严重，地下水位正以约 1 m/a 的速度急剧下降，区内不存在可利用的地下水替代水源，水资源的优化配置及地表水与地下水水源置换是目前该区经济发展和生态地质环境保护首要考虑的问题。同时，邯郸市第二产业发达，以工业主导、钢铁、煤炭等重型产业为支柱的产业结构造成的高耗水、高耗能、高排放、高污染等问题亟待解决（张延平 等，2016）。

通过以上分析，利用 4.4.2 小节提出的社会、经济和生态易损性评价指标体系和评价模型，通过专家打分法进行各指标评分，运用层次分析法确定指标权重（表 7.7）。得出峰峰煤矿区含水层破坏易损性综合指数为8.53。

表 7.7　峰峰煤矿区含水层破坏易损性指标体系及评分

准则层	指标层	研究区状态	评价等级	评分	权值
破坏性	可利用资源量减少比例	10%～30%	中	7	0.197 1
	居民接触有毒有害地下水的频率和方式	饮用水源经口暴露	高	9	0.155 5
脆弱性	对目标含水层的依赖性	供水率为 74.1%	高	9	0.054 9
	当地用水紧张程度	人均地下水可利用资源量是全国人均水量的 9%	高	10	0.126 5
	是否存在可替代水源	地下水超采严重，不存在地下水替代水源	高	10	0.216 4
恢复能力	含水层自我修复能力	地下水流系统水循环速度较快	低	4	0.083 4
	社会经济调整或恢复能力	需水量大的第二产业在地方产业结构中占比最大	高	9	0.166 2

7.3.4 评价结果

通过计算，峰峰煤矿区含水层破坏风险的综合指数为 8.25，说明该含水层破坏风险等级为高，含水层破坏的可能性高；含水层破坏的社会、经济与生态易损性综合指数为 8.53，当地社会、经济高度依赖地下水，且地下水超采严重，易损性高。因此，峰峰煤矿区采矿活动对含水层破坏的社会、经济风险较高。

7.3.5 风险管理对策

针对峰峰煤矿区含水层破坏特征，提出以下风险管理对策。

1. 全过程管理

虽然目前对煤矿开发的环境影响评价已涉及煤矿关闭后的环境影响，但由于煤矿开采周期长，矿区地下水动力场和化学场已经发生了巨大的变化，前期的评价很难作为关闭矿井的依据。同时矿山生命周期过程中涉及很多内部和外部的利益相关方，一个成功的矿井关闭规划需要融合多利益相关方的意见和目标。因此，有必要从矿山生命周期和多利益相关方参与实施关闭矿井的风险管理。

2. 加强地下水资源综合利用和保护措施

加强地下水统一管理，实施"供排结合、以供代排、以排代采、综合利用"的矿井疏排水与地下水开发利用模式，实行地下水资源采排总量控制，建立地下水资源开发利用的全生命周期模式，促进矿区地下水系统的良性循环。

1）建立统一的水资源管理体系

建立水资源统一管理的新型行政管理体制。遵循水资源的自然规律，打破地下水开采及矿业开采疏排水的分割局面，实现真正意义上的水资源统一管理。对区内水资源实行统一规划、统一管理、统一调配，实现地下水资源采排总量控制。

2）加强水环境监测预警体系建设

完善地下水动态监测体系，优化监测网络，加强监测能力建设。制定水环境保护预警和应急预案，实现数据信息共享。

3）建立水资源管理信息系统，实行水资源数字化管理

水资源数字化管理就是借助于 3S 技术、计算机、多媒体、网络等现代信息技术对各类水事活动进行数字化管理，实现及时准确地收集、存储和处理水资源信息，借助数学模型进行水资源的合理分配、水政管理的信息化和自动化。

水资源管理信息系统是实现水资源数字化管理的基本手段，是利用先进的网络、通信、3S 技术、数据库、多媒体等技术，以及决策支持理论、系统工程理论、信息工程理论建立数字化水资源信息系统，包括水资源数据库、水资源模型库及人机交互系统。

I. 数据库功能

实现水资源数据的输入、新增、更新、删除，能够维护日常工作中的数据；维护数据库的完备性、一致性；实现水资源各类属性数据之间的高效、快速检索；实现标准化的数据共享；完成一般水政管理所需的各类水资源数据统计功能，如对水资源数据进行排序、求均值及水资源费管理等信息查询和管理功能；实现系统安全性管理，保证原始数据的安全。

II. 模型库功能

实现水资源管理的专业需求。根据不同的管理需求，加载不同的模型库模块，可以包括水量评价预测模型、水资源优化配置模型、水质评价预测模型、水污染模型、需水模型等。以此通过与数据库的对接，实现对输入信息进一步的处理，实现对水资源系统特征分析、水资源需求预测分析、水环境功能分析，实现水资源管理方案的优化对比，以提出最佳的水资源管理方案。

III. 人机交互功能

人机交互功能主要为水资源管理者提供水资源数字化管理的基本工作平台，通过人机交互系统，管理者可以实现水资源数字化管理工作的各项基本目标。

7.4　含水层破坏的防控与治理措施

（1）合理布排开采矿井，控制煤炭产量及地下水疏排量。根据黑龙洞岩溶水系统岩溶地下水流场及水位、泉流量动态，目前岩溶水系统补给量略大于排泄量，基本平衡，无多剩余资源量可供进一步开发利用及矿井疏排。因此鉴于近几年北部主要矿井大多已关闭，东部、南部新开煤矿开采规模加大，煤矿开采布局由北向南转移。从黑龙洞泉 2009 年枯季出现断流现象分析，东部、南部矿井继续增加产量的余地不大，只能北部矿井减产多少，南部矿井增产多少，或在加强矿井疏排水量监测工作的基础上，通过加强煤矿防治水工作，如注浆封堵较大出水点，控制矿井疏排水总量不超过现状疏排量等。

（2）供排结合、以供代排，控制采排水总量。峰峰煤矿区采取压缩北部强径流带及鼓山东侧径流带岩溶地下水水源地的开采量，在南部强径流带上建设替代供水水源地。既能满足供水需求，又能达到疏干降压，解放南部下组煤，减少现有井田的疏排水量为未来建井腾出疏排水空间，以达到供排结合的目的。根据现有矿井开采布局、开采规模、开采规划，调整制订新的矿井规划和生产规模，使其达到人工开采和矿井疏排水总量控制，实现供排结合，减少浪费，实现综合保护与利用岩溶地下水的目标。

（3）注浆加固小断层和隔水底板，控制岩溶水突水及疏排水量。在峰峰煤矿区，矿井涌水量及突水危险性有随开采深度的加深而增大的趋势，应在供排结合、疏排降压、减少矿井涌水量、降低突水危险性的基础上，注浆加固小断层和隔水底板，加强矿井下涌突水点的封堵，配合开采疏降压水源，采排总量控制既能保障煤矿安全开采，又能达到保护地下水资源的目的。为此应加强矿井水文地质勘查力度，优化矿井开采方案及开掘工作面布置，留足防隔水煤柱，提前注浆加固小断层和薄弱的煤层底板，控制矿井涌水量，防治矿井突水。

第8章 地下水污染型含水层破坏典型案例
——山东淄博洪山矿区

8.1 矿区地质环境背景

山东淄博洪山矿区是国内煤矿闭坑导致深部奥灰水串层污染的典型案例，是闭坑煤矿含水层污染破坏的典型。洪山、寨里煤矿开采活动破坏了地下水环境原有的状态，从1995年煤矿闭坑后，地下水位回弹，引发了严重的含水层破坏问题，其中张秋霞等(2015)、吴艳飞(2013)、张健俐(2001)、吕华等(2005)、常允新等(1999)均对此进行了研究。本节以洪山矿区为例，对煤矿闭坑后地下水污染型含水层破坏情况进行研究并开展风险评价。

8.1.1 自然地理条件

洪山矿区主要位于山东省淄博市淄川区罗村镇西部，地理坐标为 118°00′23″～118°08′16″E，36°38′17″～36°43′25″N。西南部位于弱切割构造侵蚀丘陵区，东北部为剥蚀堆积山间平原区。中部罗村、大吊桥村一带海拔 100～120 m。研究区属暖温带半湿润大陆季风性气候。年降水量变化较大，地区差异明显；蒸发集中在春夏两季，为典型的季风区气候。研究区附近有淄河、孝妇河及其支流漫泗河经过，河流受降水影响较大。

8.1.2 地质条件

研究区位于华北板块鲁西地块鲁西隆起北部，北与济阳拗陷交接，东与沂沭断裂带相邻，属华北型地层鲁西地层，其间断裂、褶皱较多，地质条件复杂（图 8.1）。

1. 地层

在该区出露有奥陶系、石炭系—二叠系、第四系，具体由新到老情况见表 8.1。研究区主要采煤地层为太原组。

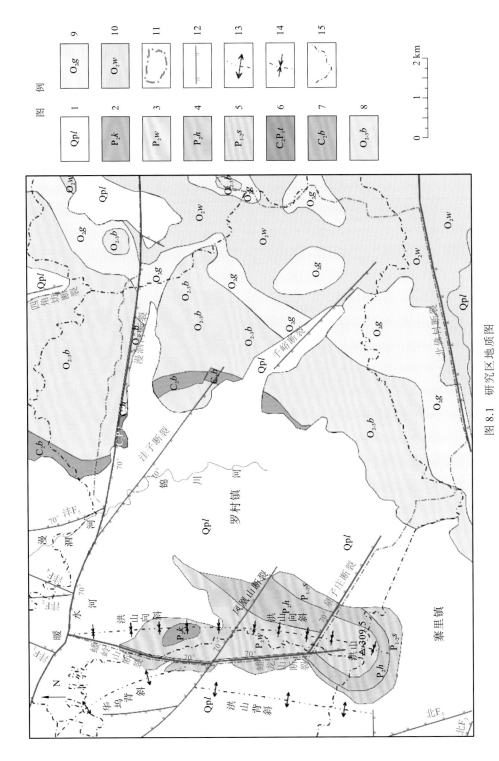

图 8.1 研究区地质图

1. 第四系临沂组；2. 二叠系石盒子群奎山组；3. 二叠系石盒子群万山组；4. 二叠系石盒子群黑山组；5. 二叠系月门沟群山西组；6. 石炭二叠系月门沟群太原组；7. 石炭系月门沟群本溪组；8. 奥陶系马家沟群阁庄组；9. 奥陶系马家沟群五阳山组；10. 奥陶系马家沟群八陡组；11. 水文地质单元边界；12. 断裂；13. 背斜轴线；14. 向斜轴线；15. 行政边界

表 8.1　研究区地层表

界	系	群	组	代号	厚度/m	岩性特征	分布位置
新生界	第四系（Q）		临沂组	Qpl	15.0	粉质黏土夹碎石，与下伏地层为不整合接触	杨寨地区及山前地带
古生界	二叠-石炭系（P-C）	石河子群（P_{2-3}S）	孝妇河组	P_3x	60~135	石英砂岩与粉砂岩，与页岩互层	二叠系主要分布在禹王山断裂以东，昆仑镇以东，罗村、寨里、龙泉以西；石炭系分布于山前，为海陆交互相沉积
			奎山组	P_2k	68.3	中粗粒石英砂岩	
			万山组	P_2w	106.8	由长石石英细砂岩与页岩组成，该组顶部与底部均有一层铝土页岩，分别称为 A 层、B 层铝土	
			黑山组	P_2h	97.9	长石石英砂岩、细砂岩及泥页岩	
		月门沟群（C_2-P_2Y）	山西组	P_{1-2}s	136.3	泥岩、粉砂岩及煤层，该组为采煤层之一	
			太原组	C_2P_1t	178.4	砂岩、页岩、泥质灰岩，夹灰岩及煤层。为区内主要采煤层	
			本溪组	C_2b	20.6	钙质泥岩与铁质泥岩。与下伏地层间为平行不整合接触。底部称为 G 层铝土页岩	
	奥陶系（O）	马家沟群（O_{2-3}M）	八陡组	O_{2-3}b	136.4	泥晶灰岩夹灰岩、白云岩，与上覆地层间为平行不整合接触	奥陶系分布于东南部山区及禹王山断裂带以西的南部山区，为一套海相碳酸盐岩地层
			阁庄组	O_2g	123.5	中厚层细晶白云岩夹部分角砾状白云岩	
			五阳山组	O_2w	369.0	上部泥晶灰岩；中部结晶灰岩；下部白云质灰岩、粉屑灰岩	
			土峪组	O_2t	25.0	细晶白云岩夹白云质灰岩及膏溶角砾岩	
			北庵庄组	O_2b	177.0	纹层状藻席灰岩、泥晶灰岩；下部纹层状泥晶灰岩、白云质灰岩及白云岩	
			东黄山组	O_2d	33.0	泥灰岩、角砾状灰岩。与下伏地层为平行不整合接触	
	寒武系（€）	九龙群（€_3-O_1J）	三山子组	€_4O_1s	151.7	上部白云岩，下部细晶白云岩。与上覆地层之间为平行不整合接触	分布在淄河以东，禹王山断裂带的西侧
			炒米店组	€_4O_1c	187.0	上部泥晶灰岩；中部叠层石；下部细晶白云岩；底部铁锈色白云岩化鲕粒灰岩	
			崮山组	€_{3-4}g	121.2	中上部为泥质灰岩夹多层砾屑灰岩及少量页岩，下部为疙瘩状灰岩及页岩	
			张夏组	€_3z	139.4	上段藻灰岩；中部页岩；下段鲕状灰岩及藻灰岩	
		长清群（€_{2-3}C）	馒头组	€_{2-3}m	177.0	上部粉砂质页岩；下部以白云岩、泥灰岩为主	
			朱砂洞组	€_2z	22.0	泥质白云岩，含燧石条带与结核	

2. 地质构造

受地质构造影响，研究区形成了断裂、褶皱频繁出现的构造特征。地质构造情况见表 8.2、表 8.3。

表 8.2　洪山矿区断裂发育表

名称	走向/(°)	倾向	倾角/(°)	全长/km	断距/m	位置	切割地层	断裂特征
泉子庄断裂	302	N	70	6.0	较小	西起蟠龙山断裂,止于北佛村断裂	奥陶系及石炭-二叠系	上盘地层向东南平移,在东刘村西平移60 m
凤凰山断裂	305	NE	70	4.5		西起华坞村西,止于演礼村北	奥陶系及石炭-二叠系	白沙村北错切了凤凰山断裂
蟠岭山断裂	2	E	70	5.9	30～270	北起瓦村东,止于洪坡	奥陶系及石炭-二叠系	洪山煤矿西构造边界,切止泉子庄断裂,被凤凰山断裂
漫泗河断裂	280	S	70	11.3	50	西与王母山断裂相接,至玉皇山以东延至区外	奥陶系及石炭-二叠系	为洪山煤矿北部构造边界
洼子断裂	300	SW	70	7.0	34	聂村北部与漫泗河断裂相接,止于北围子山西北坡	奥陶系及石炭-二叠系	洪山煤矿开采时,曾越过该断裂
北佛村断裂	80	N	70	5.7		西起土山峪村北,王宝山东北出研究区	奥陶系	
千峪断裂	315	WS	70	3.0		千峪村西		断裂较小

表 8.3　洪山矿区褶皱发育表

名称	轴向	全长/km	位置	特征	地层	东翼				西翼			
						走向	倾向	倾角	特征	走向	倾向	倾角	特征
淄博向斜	NE7°	50	南起博山北域	含煤地层面积约418 km²	轴部侏罗系,两翼为石炭、二叠系	NE40°～50°	北西	10°	开阔	EW	南	15°～30°	南端封闭翘起,向北倾伏展开
洪山向斜与背斜	NE5°～20°		向斜轴部位于洪山、蟠岭山一线	洪山向斜北部与蟠岭山断层相接,构成洪山煤矿西部边界	向斜轴部地层为奎山组,两翼为黑山组、山西组、太原组等;背斜轴部为太原组,两翼为山西组、黑山组	地层分布稳定				地层出露较紊乱			

8.1.3　水文地质特征

洪山矿区断裂、褶皱较多，水文地质条件复杂。主要含水层包括第四系松散层孔隙水、石炭系—二叠系含煤地层裂隙水和奥陶系岩溶水含水层，煤系地层与奥灰水之间是本溪组隔水层，厚度在 12.65～38.76 m（图 8.2、图 8.3）。奥陶系岩溶水是当地主要供水水源。

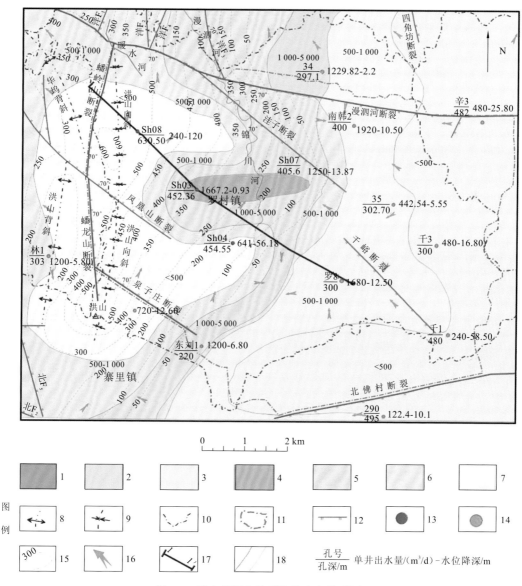

图 8.2　洪山矿区奥陶系岩溶水文地质图

1. 裸露型　1 000～5 000 m³/d；2. 裸露型　500～1 000 m³/d；3. 裸露型<500 m³/d；4. 隐伏型>5 000 m³/d；5. 隐伏型　1 000～5 000 m³/d；6. 隐伏型　500～1 000 m³/d；7. 隐伏型<500 m³/d；8. 背斜轴线；9. 向斜轴线；10. 行政边界；11. 水文地质单元边界；12. 实测断裂、推测断裂；13. 本次施工水文地质勘察钻孔兼岩溶水替代供水井；14. 岩溶地下水开采孔井；15. 奥灰顶界埋深等值线（m）；16. 岩溶地下水流向；17. 水文地质剖面线位置及编号；18. 裂隙岩溶含水层埋深类型界线及富水性分区界线

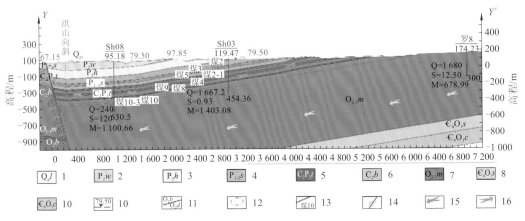

图 8.3 洪山矿区水文地质剖面图

1.第四系临沂组；2.万山组泥岩夹砂岩裂隙含水层；3.黑山组砂岩裂隙含水层；4.山西组砂岩裂隙含水层；5.太原组砂岩夹灰岩裂隙为主含水层；6.本溪组隔水层；7.马家沟组灰岩裂隙岩溶水含水层 8.三山子组白云岩裂隙岩溶含水层；9.炒米店组灰岩弱含水层；10.2014 年 9 月 21 日枯水期地下水等水位线；11.含水层界线及代号；12.煤系地下水或矿坑水边界范围；13.煤层及代号；14.推测断裂及产状；15.岩溶地下水流向；16.煤系地下水流向

1. 含水层及地下水赋存特征

主要含水层包括松散岩类孔隙水（第四系）、碎屑岩类裂隙水（石炭系—二叠系）和碳酸盐岩类裂隙岩溶水三种。具体情况见表 8.4。

表 8.4 洪山矿区含水层及地下水赋存特征

含水岩组类型	年代地层	岩性	厚度/m	分布	富水性	单井出水量 /（m³/d）	水质情况	备注
松散岩类孔隙水	第四系临沂组	含泥质卵砾石或砂	0～2.50	沿漫泗河河床呈条带分布	较差	<500	受到不同程度的污染	罗村西部已成为透水但不含水的透水层
碎屑岩类裂隙水	石炭系—二叠系月门沟群及石盒子群	砂岩、灰岩、碳酸盐岩类	668～743	较广	较差	<500	受到破坏	裸露区，含水层大多以砂页岩为主，富水性较差，不具供水意义。但在隐伏区，富水性较好
碳酸盐岩类裂隙岩溶水	寒武系—奥陶系马家沟群及九龙群三山子组	灰岩、白云岩	1 000	罗村地质单元	不定	不定	部分受到串层污染	裸露区富水性差，隐伏区好；串层污染

2. 隔水层

研究区出露的寒武系、石炭系、二叠系及第四系中均有隔水层的出现（表 8.5）。

表 8.5　洪山矿区隔水层性质

隔水层时代	隔水层描述
寒武系	隔水性较好，岩层致密
石炭系	砂质页岩、黏土页岩组成，岩层致密
二叠系	泥岩、黏土组成，隔水性好
第四系	含水层底部黏土、黏土夹层相对隔水

3. 地下水补、径、排特征

研究区存在的地层多样，不同时代地层的地下水补、径、排条件不同。第四系孔隙水主要接受大气降水入渗和漫泗河地表水渗漏补给，地下径流及人工开采排泄。石炭系——二叠系裂隙水万山组以上，沿地势向四周排泄；黑山组下部与奥灰水串层污染井相通；主要为大气降水入渗及矿坑水径流补给。

研究区内奥陶系灰岩地下水主要在接受大气降水入渗补给及南部、东南部山区的地下水径流补给后，总体自东南向北及北西方向运动，遇煤系地层受阻，地下水相对富集，并具承压性质，水位上升补给第四系含水层和煤系地层含水层或以泉的形式排泄，在灰岩隐伏地带为地下水的径流排泄区。

区内主要含水层包括煤系地层裂隙水和奥灰水，天然状态下，这两种类型的地下水基本无水力联系。在采矿时煤系地层裂隙水基本疏干，奥灰水以顶托补给的方式就进入矿坑；矿井闭坑后矿坑水位上升，通过连通处补给奥灰水。

8.1.4　矿业活动概况

洪山煤矿位于罗村镇。1953 年分别改为洪山煤矿和罗村煤矿，1953 年 9 月两矿合并，改为现在的洪山煤矿。1981 年 10 月 20 日洪山煤矿因储量采尽停井报废。1994 年底开采完毕而报废（表 8.6），形成老窿积水，在煤矿闭矿后串层污染奥灰水。

表 8.6　洪山煤矿开采一览表

煤矿名称	位置	矿区面积/km^2	开采深度/km	开采煤层	井口	闭坑时间	积水/万 m^3
洪山煤矿	罗村镇	27.6	-2.4~400	1~7、10_1、10_2	一立井 二立井 洪三井 洪五井 六立井	1994 年	956

8.2 矿区含水层破坏状况

8.2.1 含水层结构破坏

在矿山开采阶段，洪山矿区煤层上方为第四系松散岩类孔隙含水层，其中黏土、黏土夹层作为隔水层。在黏土隔水层较薄的区域，导水裂隙带能波及上部的第四系松散岩类孔隙含水层，使第四系含水层被疏干，同时导致矿井涌水量增加；在隔水层较厚的地区，导水裂隙带未波及第四系含水层，因此对其影响较小。

开采过程中煤层底板形成底板导水破坏带会对下部承压水含水层产生较大影响。据洪山、寨里煤矿开采实践表明，开采石炭系上统（太原组）底部 ^{1}0 层煤时，底部承压水沿导水构造裂隙及采动裂隙，以底鼓形式涌入矿井，严重威胁矿井安全。另外，矿区内构造断层也是造成底板承压水突水最主要的原因，据统计资料显示，到 1981 年底淄博矿区发生的 144 起突水事故中就有 113 次与构造有关。

从 1995 年矿井关闭后，矿区地下水位持续上升，到 1997 年矿坑水位上升到 73 m 左右，而这时的奥灰水水位仅 5 m 左右，矿坑水与岩溶水将近 70 m 的水头高差，势必会在采动裂隙破坏带的基础上进行裂隙扩展作用，突破和扩大已有的弱透水裂隙，创造新的裂隙，从而在局部导通矿井水与奥灰水。

8.2.2 地下水流场演化

1. 煤矿闭坑前后奥灰水含水层水位变化分析

通过 1994~2015 年洪五村西的洪 1 孔奥灰水含水层水位动态情况，对矿区内受串层污染的含水层水位动态进行分析。洪 1 孔，地面标高 139.69 m。据 1991~2015 年水位监测资料，大体分为三个阶段。一是水位较低阶段，在 1991~1995 年为煤矿开采期间，水位受降水与人工开采、煤矿排水影响一直处于较低的水平，地下水位标高-10.10~52.50 m，水位最大变幅 62.60 m。二是水位缓慢上升阶段，在 1996~2003 年，煤矿闭坑后水位缓慢上升，但这期间降水量较小，人工开采量又较大，地下水水位高-1.50~42.50 m，水位最大变幅 44.00 m。三是水位上升稳定动态均衡阶段，在 2004~2015 年水位上升稳定动态均衡，2004 年以后降水量增加，人工开采量减小，矿坑排水量很小并且主要是下游排泄，地下水水位标高 55.50~120.10 m，水位最大变幅 64.60 m（图 8.4）。2004 年以后岩溶地下水处于一个较高的水位状态，主要原因是煤矿排水量减小。

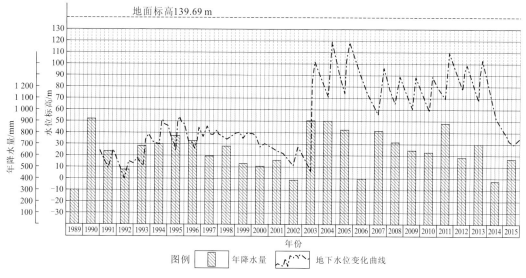

图 8.4　洪 1 孔岩溶地下水位多年变化曲线图

2. 煤矿闭坑前后流场变化分析

洪山煤矿开采活动破坏了地下水环境原有的状态，从 1995 年煤矿闭坑后，地下水水位回弹，引发了严重的地下水串层污染问题，以目标含水层-奥灰水含水层渗流场演化为例，对闭坑煤矿地下水流场演化做相关分析。

煤矿闭坑前，洪山矿区奥灰水水位受降水和人工开采等影响，处于自然较稳定状态，从 1992 年枯水期奥灰水等水位线图（图 8.5）可以看出，区内奥灰水水位东南高，西北低，总体从东南向西北方向径流。

煤矿关闭后，矿井停止疏排，大量的矿坑水涌入奥陶系灰岩含水层，从 2003 年枯水期等水位线图（图 8.5）可以看出，矿区地下水流场较煤矿关闭前发生明显变化，在矿区东南山前地带地下水位下降 5～20 m，而罗村镇局部地区地下水位异常升高，由之前的 5～10 m 变为 65.5 m，如在罗村毛线厂井水位达到 65.67 m，而该地区正常水位为 10 m 左右。通过对比这些井水位及煤系地层的水位发现，该区岩溶地下水水位明显低于串层污染水水位及煤系地下水水位，这时，岩溶地下水便会通过串层污染井接受煤系地下水的串层补给（图 8.5）。

到 2014 年，矿区地下水位整体上升，东南部由 2003 年的 10 m 左右上升到 40 m 左右，西南部水位由之前的-30～0 m 上升到 35～45 m。其中在鲁 1、史 2、大 1、大 4、罗 2 等井处地下水位异常升高，分别达 78.9 m、79.0 m、79.5 m、97.85 m、81.65 m。由此可见，在这些串层污染井附近，串层污染水水位明显高于附近岩溶地下水水位，上述串层污染井附近受污染的水便向岩溶地下水径流补给，形成多个倒的地下水补给漏斗（图 8.6）。

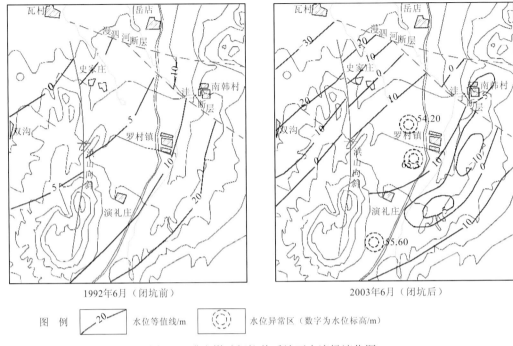

图 8.5 洪山煤矿闭坑前后地下水流场演化图

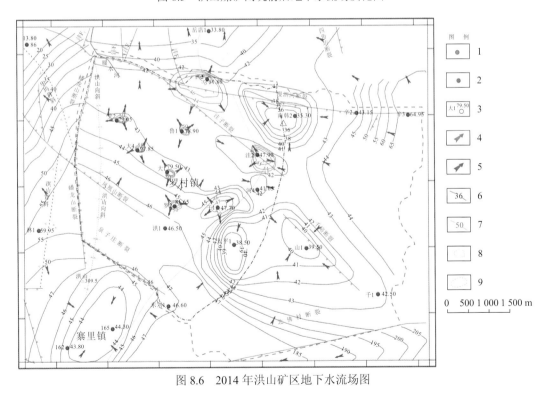

图 8.6 2014 年洪山矿区地下水流场图

1.奥陶系岩溶地下水观测井；2.奥灰水与煤系水串层污染观测井；3.孔号与水位标高；4.岩溶地下水流向；5.串层地下水流
向；6.岩溶地下水水位标高等值线（m）；7.串层地下水水位标高等值线（m）；8.水文地质单元边界；9.示范工程边界

8.2.3　地下水污染状况

洪山、寨里煤矿闭坑以后，大量的老空积水无法排泄，地下水水位迅速回弹，并且由于奥灰含水层是区域居民生活饮用水的主要水源，大量开采导致其水位大幅度下降，进一步加大了回弹水位与奥灰水水位之差，老空积水通过不同途径补给奥灰水，导致串层污染。其主要污染特征为：矿化度、总硬度、SO_4^{2-} 等指标明显超标，部分重金属离子超标。主要成点状污染，在洪山矿区大弯桥—毛线厂一带呈面状分布，地下水类型均为 SO_4、$SO_4\cdot HCO_3$ 型水。

1. 污染评价方法与标准

1）污染指标及标准确定

根据水质分析资料，污染井的水质与煤矿开采产生的矿坑水水质密切相关，矿坑水以高 SO_4^{2-}、高硬度和高矿化度为主要特征，加之井下开采活动污染，其中的 Cl、氮类含量也较高，为此选择硫酸根、总硬度、矿化度、氯离子、NO_3^-、NO_2^-、COD 作为污染评价因子对地下水进行评价。

以地下水背景值作为评价标准。背景值采用 20 世纪 60 年代研究区水质分析资料并参考同一水文地质单元的上游区资料得到（王军涛，2012），见表 8.7。

表 8.7　奥灰水污染评价因子及标准一览表　　　　　（单位：mg/L）

地下水类型	碳酸盐岩裂隙岩溶水
SO_4^{2-}	58.48
总硬度	248.73
矿化度	408.60
Cl	11.23
NO_3^-	12.91
NO_2^-	0.02
耗氧量	0.900

2）评价方法及污染程度划分

按照《区域地下水污染调查评价规范》（DZ/T 0288—2015），采用单因子指数叠加法进行地下水质量综合评价。

计算公式为

$$P = \sum_{i=1}^{N} P_i = \sum_{i=1}^{N} \frac{C_i}{S_i} \tag{8.1}$$

式中：P 为叠加型综合污染指数；C_i 为 i 因子实测浓度值，mg/L；S_i 为 i 因子评价标准值，mg/L；N 为评价因子数。

根据 P 值按下列标准划分污染等级，见表 8.8。

表 8.8　地下水污染评价分值一览表

污染类别	P
未-微污染	$P<7.0$
轻污染	$7.0 \leqslant P<10.0$
中污染	$10.0 \leqslant P<20.0$
重污染	$P \geqslant 20.0$

2. 岩溶地下水污染评价

在罗村水文地质单元内选取 42 个较有代表性的岩溶地下水井孔，利用 2013 年 11 月至 2015 年 3 月的水质分析资料，对照前述污染评价方法与标准，进行地下水污染评价。评价表明，罗村水文地质单元岩溶地下水可分为轻污染、中污染和重污染三个区，其中，轻污染区位于辛庄—千峪—东刘一线以东至水文地质单元边界，面积 20.61 km²；中污染区位于前述重污染与轻污染区之间，呈环带状围绕重污染区分布，面积 22.39 km²，由东南往西北污染程度由轻变重，变化规律较为明显；重污染区位于洪山矿区中部及北部，史家庄、聂村、鲁家庄、罗村、北韩、洼子、于家庄等地，面积 19.26 km²，如图 8.7 所示。

轻污染区（B）P 为 7～10，区内有代表性的井孔 1 个，编号千 1，P 为 7.46；该区位于灰岩裸露区，距离洪山矿开采区 1 km 以上，污染程度轻。

中污染区（C）P 为 10～20，有代表性井孔 9 个，P 为 11.44～19.97。

重污染区（D）$P \geqslant 20$，有代表性井孔 32 个，P 为 20.14～648.6。

8.2.4　含水层破坏可能原因分析

研究区地表污染物直接污染隐伏于地下的奥灰水可能性较小，只有上层的矿坑水通过一定的通道与奥灰水贯通，进行串层污染，从而导致奥灰水水质恶化，因此该地区存在奥灰水串层污染的问题。矿坑水串层污染奥灰水必然有一定的污染通道，就本区而言，可能的污染通道包括三种：底板导水裂隙带、导水断层、止水不良的井孔。

1. 底板导水裂隙带

煤矿开采会使煤层底板发育导水裂隙带，底板裂隙突水可以分为煤层底板较薄采动裂隙比较发育型和底板隔水层较厚且坚硬型。其中前一种情况容易发生裂隙扩大型突水；后一种会发生裂隙渗流性突水，其渗水量随采动增加较慢，突水危害较小，洪山矿区有 18 次突水为此类型。

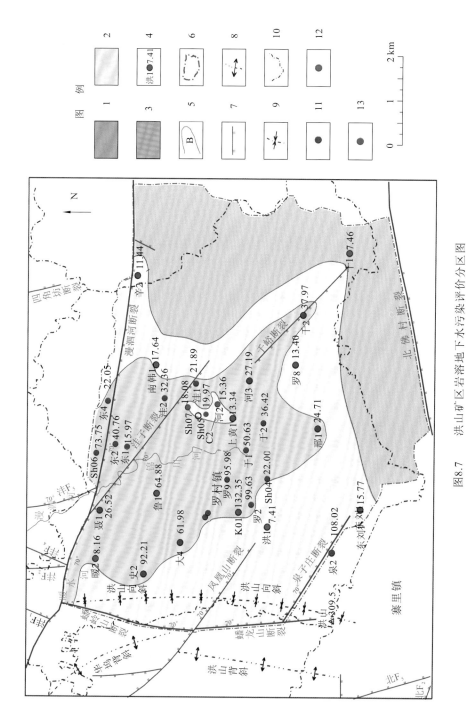

图 8.7　洪山矿区奥灰岩溶地下水污染评价分区图

1. 轻度污染区；2. 中度污染区；3. 重度污染区；4. 奥灰水监测孔及含水层污染指数；5. 危险性分区边界及编号；6. 水文地质单元边界；7. 断裂；8. 背斜轴线；9. 向斜轴线；10. 行政边界；11. 重度污染；12. 中度污染；13. 轻度污染

在洪山、寨里矿区，煤层底板发育导水裂隙带破坏深度一般是 10～20 m，采动裂隙带波及影响徐灰水，据资料显示，矿区内徐灰距奥灰的距离在 12.65～38.76 m，如若沟通，需要至少存在 191.8 m 的水头差，而在开采期间奥灰水水头高于徐灰水水头约 65 m，不能造成徐灰水和奥灰水之间隔水层的破坏，没有对奥灰水产生影响，因此，底板采动裂隙带不是矿坑水串层污染徐灰水的通道。

2. 导水断层

导水断层切穿奥灰水与煤层之间的隔水层，或是通过断层错动使隔水层的有效厚度变薄，隔水性减弱，当水头压力大于隔水层能承受的抵抗力时，就会导致奥灰水与煤层发生水力联系。例如，1935 年寨里矿区北大井发生的特大型突水事故就是由于遇到落差为 30 m 的周瓦庄断层，缩小了煤层与奥灰水之间的距离，从而引发底板突水事件。

由此可见，导水断层的存在可能成为闭坑矿山含水层串层污染的通道之一。

3. 止水不良的井孔

经调查和资料显示，洪山、寨里矿区存在勘探孔、疏干降压孔和供水井三类井孔。其中矿区内水文勘探孔均实施了严密止水或封堵；地质勘探孔未揭穿奥灰水含水层；疏干降压孔在降压以后均未发生突水。因此都不是该区岩溶水串层污染的通道。

洪山、寨里矿区的一些供水井存在以下问题：
（1）供水井成井质量较差，止水失效或者没做止水措施；
（2）有的供水井受采动地层变形的影响，井壁断裂；
（3）开采过程中挖断供水井井壁，导致矿坑水灌入供水井串层污染奥灰水。

以大弯桥井为例对矿区供水井串层污染进行分析，该井穿过采空区，矿坑水水位高出岩溶水水位 44 m。通过井下电视探查发现，井下 63.5～65 m 处井壁被挖断，断开处正处在煤层的采空区，矿坑水直接通过破损井管串层污染其他含水层。

8.3 含水层破坏风险评价

8.3.1 风险分析

作为华东地区典型的老矿区，淄博矿区已有百年的历史。随着煤矿资源的逐步枯竭，闭坑矿井相继增多。矿坑水停止抽排，煤系地层地下水迅速抬升，地下水的流场形态被改变，矿坑水与奥灰含水层存在水力联系，导致奥灰地下水环境恶化，受串层污染严重，且该含水层为当地的主要供水水源，因此本次以奥陶系石灰岩岩溶含水层作为目标含水层来进行风险分析。

在未进行开采时,洪山矿区内分布有第四系松散岩类孔隙含水层、煤系地层裂隙水和奥灰水。在煤矿开采阶段,由于需要抽排矿坑水,煤系地层裂隙水水位一般低于奥灰水,同时两个含水层之间有厚度比较大的隔水层,这两个含水层之间基本无水力联系,不会对奥灰水造成污染;矿井闭坑后,停止抽排矿坑水,矿坑水水位不断上升,最终会高于奥灰水水位,而区内封闭不良的钻孔及导水断层成为矿坑水串层污染奥灰水的通道,导致奥灰水被污染。

8.3.2　风险评价

根据迭置指数法构建的含水层破坏风险评价指标体系,结合淄博矿区含水层破坏特征,运用层次分析法,构造判断矩阵。目标层 A 与准则层 B 之间的判断矩阵,以及准则层 B 与指标层 C 之间的判断矩阵,见表 8.9~表 8.12。

表 8.9　*A-B* 判断矩阵

A_3	B_1	B_2	B_3
B_1	1	3/7	3/7
B_2	7/3	1	4/6
B_3	7/3	6/4	1

表 8.10　*B_1-C* 判断矩阵

B_1	C_{11}	C_{12}	C_{13}
C_{11}	1	4/6	3/7
C_{12}	6/4	1	3/7
C_{13}	7/3	3/7	1

表 8.11　*B_2-C* 判断矩阵

B_2	C_{21}	C_{22}	C_{23}	C_{24}
C_{21}	1	6/4	5/5	4/6
C_{22}	4/6	1	4/6	3/7
C_{23}	5/5	6/4	1	4/6
C_{24}	6/4	7/3	6/4	1

表 8.12 **B_3-C 判断矩阵**

B_3	C_{31}	C_{32}	C_{33}	C_{34}	C_{35}
C_{31}	1	6/4	5/5	6/4	3/7
C_{32}	4/6	1	4/6	5/5	4/6
C_{33}	5/5	6/4	1	6/4	4/6
C_{34}	4/6	5/5	4/6	1	3/7
C_{35}	7/3	6/4	6/4	7/3	1

分别计算 A-B 和 B-C 判断矩阵的最大特征值及其对应的特征向量。

（1）A-B 判断矩阵的最大特征值：$\lambda_{\max} = 3.0183$。

对应的特征向量：$\boldsymbol{W} = (0.1758, 0.3571, 0.4671)^{\mathrm{T}}$。

一致性检验：$CR = CI/RI = 0.0158 < 0.1$。

（2）B_1-C 判断矩阵的最大特征值：$\lambda_{\max} = 3.0001$。

对应的特征向量：$\boldsymbol{W} = (0.2073, 0.3148, 0.4779)^{\mathrm{T}}$。

一致性检验：$CR = CI/RI = 0.0001 < 0.1$。

（3）B_2-C 判断矩阵的最大特征值：$\lambda_{\max} = 4.0002$。

对应的特征向量：$\boldsymbol{W} = (0.2395, 0.1584, 0.2395, 0.3626)^{\mathrm{T}}$。

一致性检验：$CR = CI/RI = 0.0001 < 0.1$。

（4）B_3-C 判断矩阵的最大特征值：$\lambda_{\max} = 5.0584$。

对应的特征向量：$\boldsymbol{W} = (0.1907, 0.1511, 0.2057, 0.1361, 0.3164)^{\mathrm{T}}$。

一致性检验：$CR = CI/RI = 0.0130 < 0.1$。

计算各个评价指标对目标层的组合权重（层次总排序）$\boldsymbol{W}_3$。其风险评价指标体系权重计算结果见表 8.13。

$$\boldsymbol{W}_3 = \begin{bmatrix} 0.2073 & 0 & 0 \\ 0.3148 & 0 & 0 \\ 0.4779 & 0 & 0 \\ 0 & 0.2395 & 0 \\ 0 & 0.1584 & 0 \\ 0 & 0.2395 & 0 \\ 0 & 0.3626 & 0 \\ 0 & 0 & 0.1907 \\ 0 & 0 & 0.1511 \\ 0 & 0 & 0.2057 \\ 0 & 0 & 0.1361 \\ 0 & 0 & 0.3164 \end{bmatrix} \times \begin{bmatrix} 0.1758 \\ 0.3571 \\ 0.4671 \end{bmatrix} = \begin{bmatrix} 0.0364 \\ 0.0553 \\ 0.0840 \\ 0.0855 \\ 0.0566 \\ 0.0855 \\ 0.1295 \\ 0.0891 \\ 0.0706 \\ 0.0961 \\ 0.0636 \\ 0.1478 \end{bmatrix}$$

对淄博矿区已有的资料进行整理和收集，获得指标体系的相关数据后，将各个指标进行评分，见表 8.13。

表 8.13　洪山矿区含水层破坏风险各评价指标体系评分

准则层	指标层	研究区数据资料	评分	权重
含水层 结构破坏	断层性质及活化可能性	在采动影响下，部分压性断层转变为张性断层，沟通目标含水层可能性大	8	0.036 4
	底板隔水层破坏可能性	导水破坏带影响深度最大可达到 40 m	10	0.055 3
	顶板隔水层破坏可能性	部分导水裂隙带直接导通隔水底板，大多数均接近隔水底板	10	0.084 0
含水层 水位变化	水文地质条件复杂程度	复杂	9	0.085 5
	闭坑回弹水位与含水层最低水位的关系	高于	9	0.056 6
	隔水层性质	隔水性好，不易透水	6	0.085 5
	含水层渗透性	9.5 m/d	4	0.129 5
含水层 水质恶化	矿井水水质	V	10	0.089 1
	矿井开采面积	27.6 km²	7	0.070 6
	含水层厚度	>60 m	9	0.096 1
	目标含水层相对废弃矿井的位置	正下游	10	0.063 6
	不良钻孔	>6 个	10	0.147 8

8.3.3　社会、经济与生态易损性风险评价

从洪山矿区地下水问题显现的时间看，在采矿阶段，虽然井巷建设和排水对含水层破坏最严重。根据 1980~2000 年淄川区地下水开采量的统计，洪山—罗村地下水开采中工业生产、城乡生活、农业灌溉和矿山排水占比分别为 19.1%、13.7%、18.8% 和 48.4%，矿山排水占地下水开采量近一半（范宁，2007）。此时，社会经济主体是矿业，加之对生态环境关注度不足，矿山关闭前地下水问题没有显现。

矿山关闭后，当地社会经济发生变化，此时主要供水功能的奥灰水遭受污染，可利用资源量减少，地下水问题显现。根据淄川区水资源量报表，地表水和地下水资源量占比为 39.1% 和 60.9%，按照淄川区 2000 年人口和耕地面积统计，均分水资源量 379 m³/人

和 740 m³/亩，较全国人均值少 66.7%（范宁，2007）。从 2010 年淄川区用水的供给结构看，岩溶水占 56%，孔隙水占 36%，裂隙水占 8%。岩溶地下水是区内居民饮水、社会经济的主要供水水源。淄博市淄川区三次产业构成比例为 3.5∶54∶42，耗水量小的第三产业近年来有上升趋势，但耗水量大的第二产业仍占最大比重（于菲菲，2017）。利用 4.4.2 小节中提出的社会、经济和生态易损性评价指标体系和评价模型，通过专家打分法进行各指标评分，运用层次分析法确定各指标权重（表 8.14）。最终计算出洪山矿区含水层破坏易损性综合指数为 8.375。因此，岩溶水可利用资源量减少，当地社会、经济易损性高。

表 8.14 洪山矿区含水层破坏易损性指标体系及评分

准则层	指标层	研究区状态	评价等级	评分	权值
破坏性	可利用资源量减少比例	≥30%	高	8	0.117 4
	居民接触有毒有害地下水的频率和方式	饮用水源经口暴露	高	10	0.364 0
脆弱性	对目标含水层的依赖性	供水率为 56%	高	9	0.058 0
	当地用水紧张程度	人均地下水可利用资源量较全国人均值少 66.7%	高	9	0.087 6
	是否存在可替代水源	存在但不充分	中	6	0.132 9
恢复能力	含水层自我修复能力	含水层系统水循环较快	低	4	0.058 6
	社会经济调整或恢复能力	需水量大的第二产业在地方产业结构中占比最大	高	8	0.181 7

8.3.4 评价结果

通过对研究区资料分析和整理，洪山矿区含水层破坏模式属于水质恶化型。将评价指标的评分值与各指标权重值代入式（4.9），经计算可得目标含水层破坏风险的综合指数，根据风险等级划分，可判断目标含水层破坏风险等级。

通过计算，洪山矿区奥陶系石灰岩岩溶含水层破坏风险的综合指数为 8.36，说明该含水层破坏风险等级为高。结合前述对奥灰含水层危险性的分析，区内奥灰含水层破坏的可能性高，高危险区范围大；当地社会、经济高度依赖岩溶水，易损性高，综合指数为 8.38。因此，采矿活动对岩溶含水层破坏的社会、经济易损性高。

8.3.5　风险管理对策

针对目前淄博洪山矿区含水层破坏高风险的情况，提出如下含水层破坏风险管理对策。

1. 前期调查

前期调查的内容主要包括闭坑煤矿的区域水文地质调查和闭坑煤矿的地下水动态监测。结合水文地质资料和地下水监测数据，对闭坑煤矿含水层现状进行评价。

2. 风险评估

风险评估包含风险识别、风险评估指标体系构建、风险计算与等级划分三个环节。风险识别对象有含水层结构破坏、水位变化和水质恶化三类。在含水层破坏的风险评价中应考虑含水层结构破坏风险、含水层水位变化风险和含水层水质恶化三大影响因素。

3. 风险防控

制订详细可行的闭坑煤矿含水层风险防范措施和应急处理措施，并实施分级管理。

在煤矿建设的环境评价报告里，需要增加煤矿关闭后环境的评估。特别要注意矿区含水层破坏风险，建立完善清晰的风险防范管理体系，提出合适的操作性强的预防和应急处理措施。

情况允许的条件下，还应该对闭坑矿井对地下水污染运移进行数值模拟。根据模拟的结果，建立闭坑矿井含水层风险分级管理体系，实施分级管理。

8.4　含水层破坏的防控、治理措施和成效

8.4.1　防控与治理措施

1. 生产矿山的预控制

在煤矿开采初期，对供水井或者勘察钻孔，严格要求以下三方面的操作。一是严格控制成井或成孔质量，一定不允许开展没有止水或者止水不良的工程。二是加强煤矿的环境监测，尽早发现问题并且及时处理。三是保障供、排水系统稳定，并且尽可能实现矿坑排水的全部回收利用。

2. 合理选择开采方式和预留防水煤柱

针对含水层结构破坏风险，开采过程中优先选择对覆岩破坏程度小的开采方式，如

常见的充填采煤法和部分采煤法。充填采煤法，是在矿井开采结束后，在采空区填充碎石材料。碎石材料填充后可以有效承载部分覆岩压力，减轻上覆岩层裂隙发育。部分开采法，是将开采区划分为多个条带，采用间隔开采的方式。留存的条带能够保持上覆岩层的稳定，这样就能保证采空区上部含水层结构的稳定。

3. 封堵串层污染井

造成洪山矿区矿坑水串层污染奥灰水的一个重要原因是矿区存在大量止水不良的供水井。针对这些供水井实施封堵工程，可以有效避免串层污染。封堵工程采用自下往上的方式，用高标号水泥对供水井进行注浆封堵。在完成封堵工程之后，进行压水试验，验证封堵工程的效果（常允新 等，1999）。

4. 地下水污染后治理

洪山煤矿闭坑以后，利用既有的设备继续抽排矿坑水，控制老窿水水位低于奥灰水含水层水位，尽量降低串层污染的可能性。另外，可以利用处理过的矿坑水产生适当的经济效应，如进行农业灌溉等。

针对已经发生串层污染的地区，目前可行的方式是将受污染的地下水输送到地表，进行综合处理之后再回灌奥灰水含水层，进而改善地区的地下水水质。具体方式有 4 种：一是可以往排出的地下水中加入混凝剂，把形态较小的颗粒物聚积成较大的沉淀（严群 等，2010），达到沉降去污的效果；二是运用 PRB 技术把反应墙设在与水流方向垂直的位置，使污染物与墙体内部的物质发生化学反应，达到降解污染物的效果（伊利军 等，2007）；三是运用人工湿地法，利用人造或自然的复合生态系统降解抽排水中的污染物质，目前应用比较普遍的（张红涛和王拯，2009）；四是生物法，微生物在一定条件下可以降解水中的重金属络合物等物质（李亚新和苏冰琴，2000）。

8.4.2 治理成效

山东省地矿工程集团有限公司对鲁 1、大 1、罗 2、大 4、于 1、洼 2、史、东 1 共 8 个串层污染较重的地方供水井孔运用管外环缝止水材料对破损缝隙进行止水，并在附近施工了 SH01、SH02、SH03、SH08、罗 9、河 1、暖 2、聂 1、SH04、罗 7、SH07 共 11 个奥灰开采替代井进行观测，经验证有 7 个奥灰开采替代井的治理效果明显，水质朝好的方向发展，在矿化度、总硬度、硫酸根含量方面均明显低于地方供水井和矿坑水；有 4 个奥灰井治理效果不明显，这可能是因为地下水水动力较弱，水力交替较慢，从完成封堵污染井工程到监测期间，矿区地下水不足以进行完整的水力循环，所以治理效果不明显（表 8.15）。

表 8.15　含水层修复效果验证井孔说明表

序号	验证井编号	位置	井深/m	奥灰顶界埋深/m	水质监测时间	治理后天数/天	效果评估	距离最近治理井		
								编号	验证井在治理井方位、距离	治理时间
1	SH01	鲁家庄西北	528.08	426.00	2014.2.28～2015.8.19	194	明显	鲁1	鲁1井西78 m	2015.1.22
2	SH02	大吊桥村西	502.01	429.00	2014.2.28～2015.5.15	125	明显	大4	大4井东偏南42 m	2015.1.10
3	SH03	大吊桥村南	454.36	354.50	2014.4.28～2015.3.11	33	明显	大1	大1井西偏北72 m	2015.1.15
4	SH08	史家村南	630.5	525.30	2014.9.5～2016.1.16	352	明显	史2	史2井南偏98 m	2015.1.29
5	罗9	罗村南	300	225	2013.11.18～2016.1.16	313	明显	于1	于1井西偏北705 m	2015.2.6
6	河1	河东村东	310	95	2013.11.18～2015.3.10	31	明显	注2	注2井东南525 m	2015.2.28
7	暖2	暖水河村南	520	508	2013.11.18～2016.1.16	321	明显	东1	东1井西偏北2 865 m	2015.2.8
8	SH04	牟家村西	454.55	155.50	2014.5.8～2015.3.14	36	不明显	罗2	罗2井东偏南632 m	2015.2.8
9	SH07	洼子村东	405.6	143.20	2014.6.18～2016.1.16	322	不明显	注2	注2井西南125 m	2015.2.28
10	罗7	罗村村东	320	50	2013.11.18～2015.3.9	31	不明显	于1	于1井东北720 m	2015.2.6
11	聂1	聂家村东	470	420	2013.11.18～2015.8.19	170	不明显	东1	东1井西偏北	2015.2.8

参 考 文 献

常允新, 冯在敏, 韩德刚, 1999. 淄博市洪山、寨里煤矿地下水污染形成原因及防治. 山东地质(1): 45-49.

陈刚, 王琼, 杜福荣, 2005. 煤层开采对底板突水的影响. 煤矿安全, 36(4): 34-36.

陈立, 2015. 长治盆地群采区含水层结构变异及水资源动态研究. 北京: 中国地质大学(北京).

段熙涛, 陈士强, 2012. 相邻煤矿水害威胁综合治理的技术研究. 中国科技博览(10): 240.

多尔恰尼诺夫, 1984. 构造应力与井巷工程稳定性. 北京: 煤炭工业出版社.

范宁, 2007. 淄博市淄川区水资源特性与演变情势研究. 南京: 河海大学.

高树磊, 翟所宏, 2013. 水文动态监测技术在防治相邻矿井老空水害中的应用. 2013 煤炭技术与装备发展论坛. 中国煤炭工业协会.

高延法, 1996. 岩移 "四带" 模型与动态位移反分析. 煤炭学报, 11(1): 51-56.

葛书红, 2015. 煤矿废弃地景观再生规划与设计策略研究. 北京: 北京林业大学.

郭新华, 郭文秀, 田小玉, 2006. 基于矿山工程特点的地质灾害危险性评: 以河南某石灰岩矿山为例. 中国地质灾害与防治学报, 17(3): 113-118.

国务院, 2005. 国务院关于促进煤炭工业健康发展的若干意见. 中华人民共和国国务院公报(22): 8-13.

胡华, 孙恒虎, 2001. 矿山充填工艺技术的发展及似膏体充填新技术. 中国矿业, 11(2): 49-52.

虎维岳, 闫兰英, 2000. 废弃矿井地下水污染特征及防治技术. 煤矿环境保护, 14(4): 37.

焦阳, 白海波, 张勃阳, 等, 2012. 煤层开采对第四系松散含水层影响的研究. 采矿与安全工程学报, 29(6): 239-244.

康永华, 2009. 我国煤矿水体下安全采煤技术的发展及展望. 华北科技学院学报, 6(3): 19-26.

李白英, 1999. 预防矿井底板突水的 "下三带" 理论及其发展与应用. 山东科技大学学报(自然科学版), 18(4): 11-18.

李怀展, 查剑锋, 元亚菲, 2015. 关闭煤矿诱发灾害的研究现状及展望. 煤矿安全, 46(17): 201-204.

李七明, 翟立娟, 傅耀军, 等, 2012. 华北型煤田煤层开采对含水层的破坏模式研究. 中国煤炭地质, 24(7): 38-43.

李庭, 2014. 废弃矿井地下水污染风险评价研究. 徐州: 中国矿业大学.

李亚新, 苏冰琴, 2000. 硫酸盐还原菌和酸性矿山废水的生物处理. 环境工程学报, 1(5): 1-11.

李永明, 2012. 水体下急倾斜煤层充填开采覆岩稳定性及合理防水煤柱研究. 徐州: 中国矿业大学.

李泽琴, 侯佳渝, 王奖臻, 2008. 矿山环境土壤重金属污染潜在生态风险评价模型探讨. 地球科学进展, 23(5): 509-516.

林琳, 王屹林, 谢冬月, 等, 2014. 矿山开发中的含水层破坏评估方法初探: 以白山市恒基煤矿为例. 吉林地质, 8(11): 90-93.

刘杰, 2009. 浅议黑龙洞泉域水源置换. 河北水利(6): 44-45.

刘洁, 2008. 黄土中原生微生物处理煤矿酸性废水的试验研究. 太原: 太原理工大学.

刘埔, 孙亚军, 2011. 闭坑矿井地下水污染及其防治技术探讨. 矿业研究与开发, 31(4): 91-95.

刘喜坤, 刘勇, 张双圣, 2011. 徐州矿区矿井水利用研究与实践. 全国水资源合理配置与优化调度及水环境污染防治技术研讨会.

刘小琼, 张正贤, 樊省状, 2006. 浅谈肥城煤田大封煤矿闭坑后的生态环境问题. 采矿技术, 6(3): 375-376.

刘鑫, 韩鹏远, 王立革, 等, 2008. 山西省采煤沉陷地土地破坏及复垦土壤培肥研究现状. 山西农业科学, 36(11): 97-99.

刘亦晴, 许春冬, 2017. 废弃矿山环境治理PPP模式: 背景、问题及应用. 科技管理研究, 37(12): 240-246.

刘宗才, 于红, 1991. "下三带"理论与底板突水机理. 中国煤炭地质, 3(2): 38-41.

吕华, 刘洪量, 马振民, 等, 2005. 淄博市洪山、寨里煤矿地下水串层污染形成原因及防治. 中国煤炭地质, 17(4): 24-27.

申宝宏, 郭建利, 2016. 供给侧改革背景下我国煤矿关闭退出机制研究. 煤炭经济研究, 36(6): 6-11.

沈光寒, 1992. 矿井特殊开采的理论与实践. 北京: 煤炭工业出版社.

施龙青, 韩进, 2005. 开采煤层底板"四带"划分理论与实践. 中国矿业大学学报, 42(1): 16-23.

施龙青, 韩进, 刘同彬, 等, 2005. 采场底板断层防水煤柱留设研究. 岩石力学与工程学报, 24(2): 5585-5590.

施龙青, 辛恒奇, 翟培合, 等, 2012. 大采深条件下导水裂隙带高度计算研究. 中国矿业大学学报, 41(1): 37-41.

施小平, 2015. 煤层顶板松散承压含水层渗流突涌特性及致灾机理与防治研究. 合肥: 合肥工业大学.

苏建国, 2009. 邢台矿区陷落柱发育特点及水害防治. 河北煤炭, 4(3): 1-2.

覃政教, 林玉石, 袁道先, 等, 2012. 西南岩溶区矿山与水污染问题探讨及建议. 地球学报, 33(4): 341-348.

谭绩文, 2008. 矿山环境学. 北京: 地震出版社.

唐朝晖, 2013. 石灰岩矿山地质环境风险评价与管理 北京: 中国地质大学出版社.

唐朝晖, 刘楠, 柴波, 等, 2012. 合山市矿山地质环境影响评价研究. 水文地质工程地质, 39(6): 124-130.

唐敏康, 朱易春, 刘辉, 2004. 金属矿山重大危险源辨识与控制. 金属矿山, 33(6): 37-39.

滕冲, 2008. 金属矿山地质灾害评估系统及综合预测模型研究. 长沙: 中南大学.

王贺封, 2008. 我国煤矿关闭现状及政策研究. 现代矿业, 24(11): 5-8.

王军涛, 2012. 淄川煤矿矿坑排水对水质特征影响与串层污染防治研究. 济南: 山东建筑大学.

王来贵, 潘一山, 赵娜, 2007. 废弃矿山的安全与环境灾害问题及其系统科学研究方法. 渤海大学学报(自然科学版), 28(2): 97-101.

王丽敏, 张志成, 2016. 矿山关闭退出问题研究. 煤炭经济研究, 36(11): 39-43.

王婷, 2010. 我国小煤矿政策分析. 南京: 南京农业大学.

王湘桂, 唐开元, 2008. 矿山充填采矿法综述. 矿业快报(12): 1-5.

王秀兰, 许振良, 2004. 露天煤矿闭坑对环境的影响及其土地复垦与再利用. 东北大学学报(自然科学版), 25(1): 54-56.

魏东岩, 2003. 矿山地质灾害分析. 化工矿产地质, 25(2): 89-93.

吴树仁, 石菊松, 张春山, 等, 2009. 地质灾害风险评估技术指南初论. 地质通报, 28(8): 995-1005.

吴艳飞, 2013. 淄博市洪山、寨里矿区煤炭开采的地下水环境效应研究. 武汉: 中国地质大学.

武强, 刘伏昌, 李铎, 2005. 矿山环境研究理论与实践. 北京: 地质出版社.

肖卫国, 2003. 深井充填技术的研究. 长沙: 中南大学.

辛宇峰, 2016. 厚黄土覆盖区煤矿不同开采条件对松散含水层影响的数值模拟研究. 太原: 太原理工大学.

徐恒力, 2010. 煤矿山地质环境问题一体化治理研究. 北京: 地质出版社.

徐友宁, 2006. 中国西北地区矿山环境地质问题调查与评价. 北京: 地质出版社.

许家林, 钱鸣高, 2000. 关键层运动对覆岩及地表移动影响的研究. 煤炭学报, 25(2): 122-126.

许家林, 王晓振, 刘文涛, 等, 2009. 覆岩主关键层位置对导水裂隙带高度的影响. 岩石力学与工程学报, 28(2): 380-385.

薛冰, 2012. 浅析我国煤炭资源发展现状. 科技广场(2): 25-27.

严群, 黄俊文, 唐美香, 等, 2010. 矿山废水的危害及治理技术研究进展. 金属矿山, 39(8): 183-186.

杨贵, 2004. 综放开采导水裂隙带高度及预测方法研究. 青岛: 山东科技大学.

杨米加, 陈明雄, 贺永年, 2001. 注浆理论的研究现状及发展方向. 岩石力学与工程学报, 20(6): 839-841.

叶贵钧, 张莱, 2000. 陕北榆神府矿区煤炭资源开发主要水工环问题及防治对策. 工程地质学报, 8(4): 446-455.

伊利军, 隗玉霞, 窦同文, 2007. 淄川区矿坑水对水资源的影响与应用研究. 山东水利(6): 63-64.

殷坤龙, 2010. 滑坡灾害风险分析. 北京: 科学出版社.

尹国勋, 2010. 矿山环境保护. 徐州: 中国矿业大学出版社.

尹占娥, 2009. 城市自然灾害风险评估与实证研究. 上海: 华东师范大学.

于菲菲, 2017. 构建淄博市产业新体系问题研究. 现代交际(10): 70-72.

于长龙, 2015. 煤炭资源开发利用的现状及对策. 能源与节能(8): 92-94.

岳亚东, 2008. 华北地区陷落柱发育规律研究. 中小企业管理与科技, 27(4): 95.

张邦花, 2016. 煤矿区闭坑的生态环境效应研究. 济南: 山东师范大学.

张兵, 许正元, 2003. 矿山危险源的监控与管理. 金属矿山(10): 54-55.

张红涛, 王拯, 2009. 人工湿地中基质的研究进展. 广东化工, 36(11): 73-74.

张健俐, 2001. 淄川区煤矿闭坑地下水污染防治. 地下水, 23(3): 118-120.

张敬凯, 傅耀军, 杜文堂, 等, 2009. "下三带"理论在煤层底板危险性评价中的应用研究: 以山西曹村井田为例. 华北科技学院学报, 6(4): 70-73.

张聚国, 栗献中, 2010. 昌汉沟煤矿浅埋深煤层开采地表移动变形规律研究. 煤炭工程(11): 74-76.

张鹏, 张建平, 王俊, 2016. 露天煤矿闭坑地质环境及其恢复治理方案研究. 煤炭技术, 35(1): 320-321.

张秋霞, 周建伟, 林尚华, 等, 2015. 淄博洪山、寨里煤矿区闭坑后地下水污染特征及成因分析. 安全与环境工程, 22(6): 23-28.

张延平, 牛瑞杰, 栗春廷, 等, 2016. 资源型城市产业结构升级的实证分析: 以邯郸市为例. 华北金融, 477(10): 24-28.

张志祥, 张永波, 付兴涛, 等, 2016. 煤矿开采对地下水破坏机理及其影响因素研究. 煤炭技术, 35(2): 211-213.

张志祥, 张永波, 赵雪花, 等, 2014. 双煤层采动岩体裂隙分形特征实验研究. 太原理工大学学报, 45(3): 403-407.

赵春虎, 2016. 陕蒙煤炭开采对地下水环境系统扰动机理及评价研究. 北京: 煤炭科学研究总院.

赵海陆, 2011. 华北型煤田岩溶水研究: 邯郸黑龙洞泉域为例. 邯郸: 河北工程大学.

赵瑞霞, 2008. 黑龙洞泉域地下水模拟与优化配置. 邯郸: 河北工程大学.

赵勇胜, 2012. 地下水污染场地风险管理与修复技术筛选. 吉林大学学报(地球科学版), 42(5): 1426-1433.

ADAMS R, YOUNGER P L, 2001. A strategy for modeling ground water rebound in abandoned deep mine systems. Groundwater, 39(2): 249.

ALHAMED M, WOHNLICH S, 2014. Environmental impact of the abandoned coal mines on the surface water and the groundwater quality in the South of Bochum, Germany. Environmental Earth Sciences, 72(9): 3251-3267.

AUSTRALIAN GEOMECHANICS SOCIETY (AGS), 2000. Landslide risk management concepts and guidelines. Australian Geomechanics Journal, 35(2): 49-92.

BAI M, ELSWORTH D, 1990. Some aspects of mining under aquifers in China. Mining Science & Technology, 10(1): 81-91.

BANKS D, YOUNGER P L, ARNESEN R T, et al., 1997. Mine-water chemistry: The good, the bad and the ugly. Environmental Geology, 32(3): 157-174.

BOOTH C J, 1986. Strata-movement concepts and the hydrogeological impact of underground coal mining. Groundwater, 24(4): 507-515.

BRABB E E, 1984. Innovative approaches to landslide hazard mapping. Geomorphology, 1(3): 307-324.

CARDONA O D, 2011. Disaster risk and vulnerability: Concepts and measurement of human and environmental insecurity. Berlin: Springer.

CHOI Y, BAEK H, CHEONG Y W, et al., 2012. Gram model analysis of groundwater rebound in abandoned coal mines. Procedia-Social and Behavioral Sciences, 22(6): 373-382.

DUZGUN H S B, 2005. Analysis of roof fall hazards and risk assessment for Zonguldak coal basin underground mines. International Journal of Coal Geology, 64(s1-2): 104-115.

DUZGUN H S B, EINSTEIN H H, 2004. Assessment and management of roof fall risks in underground coal mines. Safety Science, 42(1): 23-41.

EINSTEIN H H, 1997. Landslide risk-systematic approaches to assessment and management. Proceedings of the Workshop on Landslide Risk Assessment.

FELL R, 1994. Landslide risk assessment and acceptable risk. Canadian Geotechnical Journal, 31(2):261-272.

FOURIE A, BRENT A C, 2006. A project-based mine closure model (MCM) for sustainable asset life cycle management. Journal of Cleaner Production, 14(12): 1085-1095.

HAN J, SHI L Q, YU X G, et al., 2009. Mechanism of mine water-inrush through a fault from the floor. International Journal of Mining Science and Technology, 19(3): 276-281.

KARAMAN A, CARPENTER P J, Booth C J, 2001. Type-curve analysis of water-level changes induced by a longwall mine. Environmental Geology, 40(7): 897-901.

KARMIS M, AGIOUTANTIS Z, JAROSZ A, 1990. Recent developments in the application of the influence function method for ground movement predictions in the U.S. Mining Science & Technology, 10(3): 233-245.

LINES G C, 1985. The ground-water system and possible effects of underground coal mining in the trail mountain area, Central Utah. Geological Survey Water-Supply Paper (USA),11(2): 22-59.

LUAN M A, WANG G C, SHI Z M, et al., 2016. Simulation of groundwater level recovery in abandoned mines, Fengfeng Coalfield, China. Journal of Groundwater Science and Engineering, 4(4): 344-353.

MACZKOWIACK R I, SMITH C S, SLAUGHTER G J, et al., 2012. Grazing as a post-mining land use: A conceptual model of the risk factors. Agricultural Systems, 109: 76-89.

MCADOO M A, KOZAR M D, 2017. Groundwater-quality data associated with abandoned underground coal mine aquifers in West Virginia, 1973–2016: Compilation of existing data from multiple sources. U.S. Geological Survey.

NASSERY H R, ALIJANI F, 2014. The effects of an abandoned coal mine on groundwater quality in the science and research park (SRP) of Shahid Beheshti University, Zirab (Northern Iran) . Mine Water & the Environment, 33(3): 266-275.

OKOGBUE C O, UKPAI S N, 2013. Evaluation of trace element contents in groundwater in Abakaliki metropolis and around the abandoned mine sites in the southern part, Southeastern Nigeria. Environmental Earth Sciences, 70(7): 3351-3362.

PALARDY D, BALLIVY G, VRIGNAUD J P, et al., 2003. Injection of a ventilation tower of an underwater road tunnel using cement and chemical grouts. Third International Conference on Grouting and Ground Treatment.

PALEI S K, DAS S K, 2009. Logistic regression model for prediction of roof fall risks in bord and pillar workings in coal mines: An approach. Safety Science, 47(1): 88-96.

PARK S, CHOI Y, BAEK H, et al., 2013. Prediction of groundwater rebound at an abandoned coal mine in Korea using GRAM model. AGU Fall Meeting Abstracts.

REID C, BÉCAERT V, AUBERTIN M, et al., 2009. Life cycle assessment of mine tailings management in Canada. Journal of Cleaner Production, 17(4): 471-479.

SHI L Q, SINGH R N, 2001. Study of mine water inrush from floor strata through faults. Mine Water & the Environment, 20(3): 140-147.

SHIMODA M, OHMORI H, 2012. Ultra fine grouting material. Grouting in Geotechnical Engineering. ASCE.

STONER J D, 1983. Probable hydrologic effects of subsurface mining. Groundwater Monitoring & Remediation, 3(1): 128-137.

USEPA, Office of Emergency and Remedial Response, 2009. Risk assessment guidance for superfund (RAGS), volume i: Human health evaluation manual (part F, supplemental guidance for inhalation risk assessment). Washington: EPA.

VARNES D J, 1978. Slope movement types and processes. Washington: Transportation Research Board, National Academy of Sciences.

VOULVOULIS N, SKOLOUT J W, OATES C J, et al., 2013. From chemical risk assessment to environmental resources management: The challenge for mining. Environmental Science & Pollution Research International, 20(11): 7815-7826.

WANG S R, WANG H, 2012. Water inrush mode and its evolution characteristics with roadway excavation approaching to the fault. Telkomnika, 10(3): 505-513.

WHITMAN R V, 1984. Evaluating calculated risk in geotechnical engineering. Journal of Geotechnical Engineering, 110(2): 143-188.

WILDEMEERSCH S, BROUYÈRE S, ORBAN P, et al., 2010. Application of the hybrid finite element mixing cell method to an abandoned coalfield in Belgium. Journal of Hydrology, 392(11): 188-200.

索　引